国家出版基金项目
NATIONAL PUBLICATION FOUNDATION

"十四五"时期国家重点出版物出版专项规划项目

新时代地热能高效开发与利用研究丛书

总主编　庞忠和

地热能直接利用技术

Geothermal Direct-Use Technology

主　编　龚宇烈

副主编　赵　军　李瑞霞

华东理工大学出版社
EAST CHINA UNIVERSITY OF SCIENCE AND TECHNOLOGY PRESS

·上海·

总序一

地热是地球的本土能源,它绿色、环保、可再生;同时地热能又是五大非碳基能源之一,对我国能源系统转型和"双碳"目标的实现具有举足轻重的作用,因此日益受到人们的重视。

据初步估算,我国浅层和中深层地热资源的开采资源量相当于 26 亿吨标准煤,在中东部沉积盆地中,中低温地下热水资源尤其丰富,适宜于直接的热利用。在可再生能源大家族里,与太阳能、风能、生物质能相比,地热能的能源利用效率最高,平均可达 73%,最具竞争性。

据有关部门统计,到 2020 年年底,我国地热清洁供暖面积已经达到 13.9 亿平方米,也就是说每个中国人平均享受地热清洁供暖面积约为 1 平方米。每年可替代标准煤 4100 万吨,减排二氧化碳 1.08 亿吨。近 20 年来,我国地热直接利用产业始终位居全球第一。

做出这样的业绩,是我国地热界几代人长期努力的结果。这里面有政策因素、体制机制因素,更重要的,就是有科技进步的因素。即将付印的"新时代地热能高效开发与利用研究丛书",正是反映了技术上的进步和发展水平。在举国上下努力推动地热能产业高质量发展、扩大其对于实现"双碳"目标做出更大贡献的时候,本丛书的出版正是顺应了这样的需求,可谓恰逢其时。

丛书编委会主要由高等学校和科研机构的专家组成,作者来自国内主要的地热研究代表性团队。各卷牵头的主编以"60 后"领军专家为主体，代表了我国从事地热理论研究与生产实践的骨干群体，是地热能领域高水平的专家团队。丛书总主编庞忠和研究员是我国第二代地热学者的杰出代表，在国内外地热界享有广泛的影响力。

　　丛书的出版对于加强地热基础理论特别是实际应用研究具有重要意义。我向丛书各卷作者和编辑们表示感谢，并向广大读者推荐这套丛书，相信它会受到我国地热界的广泛认可与欢迎。

中国科学院院士

2022 年 3 月于北京

总序二

党的十八大以来,以习近平同志为核心的党中央高度重视地热能等清洁能源的发展,强调因地制宜开发利用地热能,加快发展有规模、有效益的地热能,为我国地热产业发展注入强大动力、开辟广阔前景。

在我国"双碳"目标引领下,大力发展地热产业,是支撑碳达峰碳中和、实现能源可持续发展的重要选择,是提高北方地区清洁取暖率、完成非化石能源利用目标的重要路径,对于调整能源结构、促进节能减排降碳、保障国家能源安全具有重要意义。当前,我国已明确将地热能作为可再生能源供暖的重要方式,加快营造有利于地热能开发利用的政策环境,可以预见我国地热能发展将迎来一个黄金时期。

我国是地热大国,地热能利用连续多年位居世界首位。伴随国民经济持续快速发展,中国石化逐步成长为中国地热行业的领军企业。早在 2006 年,中国石化就成立了地热专业公司,经过 10 多年努力,目前累计建成地热供暖能力 8000 万平方米、占全国中深层地热供暖面积的 30% 以上,每年可替代标准煤 185 万吨,减排二氧化碳 352 万吨。其中在雄安新区打造的全国首个地热供暖"无烟城",得到国家和地方充分肯定,地热清洁供暖"雄县模式"被国际可再生能源机构(IRENA)列入全球推广项目名录。

我国地热产业的健康发展,得益于党中央、国务院的正确领导,得益于产学研的密切协作。中国科学院地质与地球物理研究所地热资源研究中心、中国地球物理学会地热专业委员会主任庞忠和同志,多年深耕地热领域,专业造诣精深,领衔编写的"新时代地热能高效开发与利用研究丛书",是我国首次出版的地热能系列丛书。丛书作者都是来自国内主要的地热科研教学及生产单位的地热专家,展示了我国地热理论研究与生产实践的水平。丛书站在地热全产业链的宏大视角,系统阐述地热产业技术及实际应用场景,涵盖地热资源勘查评价、热储及地面利用技术、地热项目管理等多个方面,内容翔实、论证深刻、案例丰富,集合了国内外近10年来地热产业创新技术的最新成果,其出版必将进一步促进我国地热应用基础研究和关键技术进步,推动地热产业高质量发展。

　　特别需要指出的是,该丛书在我国首次举办的素有"地热界奥林匹克大会"之称的世界地热大会WGC2023召开前夕出版,也是给大会献上的一份厚礼。

中国工程院院士　

2022年3月24日于北京

丛书前言

20世纪90年代初,地源热泵技术进入我国,浅层地热能的开发利用逐步兴起,地热能产业发展开始呈现资源多元化的特点。到2000年,我国地热能直接利用总量首次超过冰岛,上升到世界第一的位置。至此,中国在21世纪之初就已成为名副其实的地热大国。

2014年,以河北雄县为代表的中深层碳酸盐岩热储开发利用取得了实质性进展。地热能清洁供暖逐步替代了燃煤供暖,服务全县城10万人口,供暖面积达450万平方米,热装机容量达200 MW以上,中国地热能产业实现了中深层地热能的规模化开发利用,走进了一个新阶段。到2020年年末,我国地热清洁供暖面积已达13.9亿平方米,占全球总量的40%,排名世界第一。这相当于中国人均拥有一平方米的地热能清洁供暖,体量很大。

2020年,我国向世界承诺,要逐渐实现能源转型,力争在2060年之前实现碳中和的目标。为此,大力发展低碳清洁稳定的地热能,以及水电、核电、太阳能和风能等非碳基能源,是能源产业发展的必然选择。中国地热能开发利用进入了一个高质量、规模化快速发展的新时代。

"新时代地热能高效开发与利用研究丛书"正是在这样的大背景下应时应需地出笼的。编写这套丛书的初衷,是面向地热能开发利用产业发展,给从事地热能勘查、开发和利用实际工作的工程技术人员和项目管理人员写的。丛书基于三横四纵的知识矩阵进行布局：在横向上包括了浅层地热能、中深层地热能和深层地热能；在纵向上，从地热勘查技术，到开采技术，再到利用技术，最后到项目管理。丛书内容实现了资源类型全覆盖和全产业链条不间断。地热尾水回灌、热储示踪、数值模拟技术，钻井、井筒换热、热储工程等新技术，以及换热器、水泵、热泵和发电机组的技术，丛书都有涉足。丛书由 10 卷构成，在重视逻辑性的同时，兼顾各卷的独立性。在第一卷介绍地热能的基本能源属性和我国地热能形成分布、开采条件等基本特点之后，后面各卷基本上是按照地热能勘查、开采和利用技术以及项目管理策略这样的知识阵列展开的。丛书体系力求完整全面、内容力求系统深入、技术力求新颖适用、表述力求通俗易懂。

在本丛书即将付梓之际，国家对"十四五"期间地热能的发展纲领已经明确，2023年第七届世界地热大会即将在北京召开，中国地热能产业正在大步迈向新的发展阶段，其必将推动中国从地热大国走向地热强国。如果本丛书的出版能够为我国新时代的地热能产业高质量发展以及国家能源转型、应对气候变化和建设生态文明战略目标的实现做出微薄贡献，编者就深感欣慰了。

丛书总主编对丛书体系的构建、知识框架的设计、各卷主题和核心内容的确定，发挥了影响和引导作用，但是，具体学术与技术内容则留给了各卷的主编自主掌握。因此，本丛书的作者对书中内容文责自负。

丛书的策划和实施，得益于顾问组和广大业界前辈们的热情鼓励与大力支持，特别是众多的同行专家学者们的积极参与。丛书获得国家出版基金的资助，华东理工大学出版社的领导和编辑们付出了艰辛的努力，笔者在此一并致谢！

2022 年 5 月 12 日于北京

前　言

地热能是蕴藏在地球内部的巨大的自然非碳基能源,已成为 21 世纪能源发展中不可忽视的清洁可再生能源之一。开发利用地热能对于减少二氧化碳的排放、解决当下日益严重的雾霾问题具有重要意义。地热能开发利用正面临着前所未有的发展机遇,2017 年 1 月,国家发展和改革委员会等联合发布了《地热能开发利用“十三五”规划》,这是我国首个地热产业规划,也是地热能发展的里程碑。2022 年 6 月,国家发展和改革委员会等联合发布的《“十四五”可再生能源发展规划》指出,将积极推进地热能规模化开发,在北方地区大力推进中深层地热能供暖,积极探索东南沿海地区中深层地热能制冷技术应用,重点在有供暖、制冷双需求的华北平原和长江经济带等地区扩大浅层地热能开发利用规模。

地热能的利用方式主要包括地热发电和地热直接利用两大类。我国是一个以中低温地热资源为主的国家,发展地热直接利用可以很好地兼顾资源禀赋特点和当地用能需求。比如,在城镇发展区域供暖、空调制冷及制生活热水等地热直接利用方式;在农村发展地热水产养殖、温室大棚及农副产品烘干;在旅游区发展温泉疗养和理疗、娱乐休闲为一体的“温泉文化”,以适应人们对美好生活的追求。而地热直接利用的集约化趋势必然是资源高效综合梯级利用,并且结合当地需求定制不同开发模式。近年来,我国地热直接利用以年均 10% 的速度增长,已连续 20 年居于世界首位。地热能已成为我国北方地区清洁供暖的重要能源形式之一,涌现了一批重大工程,如

"雄县模式"、北京城市副中心、北京大兴国际机场等,为国家节能减排作出了突出贡献。

本书总结了近年来地热直接利用领域各项技术发展取得的经验和成果,可供从事地热能开发利用研究的科技工作者以及从事地热能产业开发的设计人员、工程技术人员参考借鉴。

本书第 1 章和第 6 章由龚宇烈、陆振能、骆超编写,第 2 章由李瑞霞、郭啸峰、李昊、卢星辰编写,第 3 章由赵军、马凌、李扬编写,第 4 章由李华山、杨磊编写,第 5 章由姚远、刘雨兵编写,第 7 章由卜宪标、龚宇烈、陆振能编写。全书由陆振能统稿,龚宇烈、赵军、李瑞霞校阅。

本书的部分内容前期获得了国家高技术研究发展计划(863 计划)课题(编号:2009AA05Z433)、国家科技支撑计划项目(编号:2012BAB12B00)及中国科学院 A 类战略性先导科技专项课题(编号:XDA21050500)的资助,在此表示深深感谢! 本书的编写过程得到了汪集暘院士、庞忠和研究员、马伟斌研究员等地热专家和学者的指导与帮助,在此致以诚挚谢意! 此外,本书中引用了国内外学者等的观点和相关内容,在此也表示感谢!

由于地热直接利用技术多样且涉及学科较多,同时限于编者的知识、能力,书中难免存在疏漏与不足之处,敬请广大读者批评指正。

2024 年 2 月于广州

目 录

第 1 章

地热直接利用技术概述

1.1 国外地热直接利用现状

1.1.1 国外地热直接利用概述

地热能是以热能形式储存于地球内部的可再生能源。按照资源赋存深度,地热能可分为浅层地热能(<200 m)、中深层地热能(200~3 000 m)和深层地热能(>3 000 m)。按照地热流体温度,地热能又分为高温地热能(>150℃)、中温地热能(90~150℃)和低温地热能(<90℃)。

浅层地热能主要包括岩土、地下水、地表水赋存的热能,通常采用地源热泵技术进行开发利用。中深层地热能通常赋存于水热型地热资源中,可用于发电、建筑供暖/制冷、康养、干燥、温室种植、水产养殖等。而深层地热能主要赋存于干热岩型地热资源中,通常采用增强型地热系统(enhanced geothermal system, EGS)进行开发利用。截至目前,浅层地热能和中深层地热能已处于规模化商业开发利用的阶段。地热能的利用方式可分为发电和直接利用两个方面。高温地热能主要用于发电,中、低温地热能则以直接利用为主。对于25℃以下的浅层地热能,可通过地源热泵进行供暖和制冷。著名的林德尔(Lindal)图给出了不同温度下地热流体的具体应用,如图1-1所示。

经过长期的发展,地热资源的直接利用已经从小范围的独立使用逐步演化为大规模的工程应用。目前,全球有80多个国家直接将地热能用于供热(或制冷),或者需要热能的其他工农业生产中。其中,冰岛是众所周知的地热能高效开发利用的典范。虽然冰岛紧贴北极圈,全年环境温度低,但其凭借丰富的地热资源,将绝大多数游泳池设在户外且全年开放,同时在温室中种植蔬菜。相比之下,肯尼亚在地热直接利用方面取得的进展则少有人知晓,但其在利用地热能进行温室种植方面十分成功。温室夜间需要供热和照明,虽然肯尼亚白天气温很高,但是其夜间需要开采地热能以满足温室供热和照明的需要。

据2021年第六届世界地热大会统计,截至2019年年底,世界范围内88个国家的地热直接利用总装机容量为107 727 MWt[①],利用能量约为1 020 887 TJ/a(283 580 GW·h/a)。

----

① MW代表兆瓦,t代表热功率。这里是核电中对功率单位的表示方式,与后文中的MWe(其中e代表电功率)有所区分。

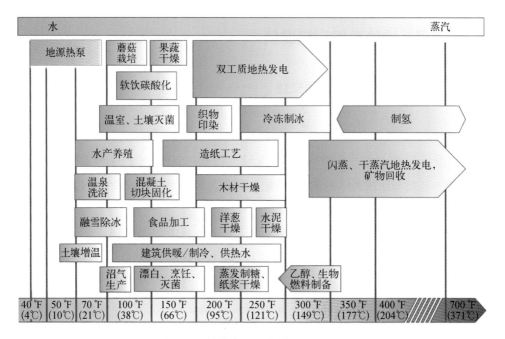

图 1-1　地热资源开发利用 Lindal 图

各种地热直接利用方式的装机容量变化趋势及分布情况如表 1-1 所示。可以看出，在过去 20 年间，各种地热直接利用方式的装机容量均有显著的变化，尤其是地源热泵的装机容量增长十分迅速。在 2005 年之前，只有少数国家是地热直接利用大国，而大多数国家的地热直接利用技术发展十分缓慢。随着地源热泵受到越来越多的重视，地热资源几乎可以在任何地方得以开发，用于建筑供暖/制冷。中低温地热资源可以以热电联产等方式进行综合梯级利用，甚至低于 100℃ 的热水也可以首先进行发电，然后用于区域供暖、温泉洗浴、种植养殖等，最后回灌到地热储层，从而实现梯级利用。地热综合梯级利用无疑提高了地热资源的利用率和经济效益，许多国家（如冰岛、奥地利、德国等）纷纷开始采用这一技术。

表 1-2 给出了截至 2019 年年底，世界地热直接利用前 10 名国家的装机容量及能源利用情况。冰岛基于丰富的地热资源，首都雷克雅未克已经全部实现地热供暖，全国地热供暖率在 85% 以上。美国、法国等发达国家也是地热供暖大国，利用地热供暖已经有相当长的时间。其中，美国已经安装 168 万套地源热泵机组（按每套机组的装机容量为 12 kWt 计算），主要分布在中西部和东部各州。在过去几年内，土耳其的

地热供暖增长显著,能够满足约 116 000 户家庭的需求。瑞士单位国土面积安装的地源热泵达到 3.75 套,地源热泵的应用有效地满足了居民的供暖和制冷需求,除此之外,一些用于融化地面积雪的地热项目正在开发中。日本位于环太平洋火山地震带上,地热资源丰富,温泉遍布全国各地,在地热直接利用(康养和旅游)方面走在世界前列。此外,俄罗斯和意大利的热矿水资源十分丰富,在康养和旅游等休闲领域也开发已久。

表 1-1　各种地热直接利用方式的装机
容量变化趋势及分布情况　　　　（单位：MWt）

	2020 年	2015 年	2010 年	2005 年	2000 年
地源热泵	77 547	49 898	33 134	15 384	5 275
地热供暖	12 768	7 556	5 391	4 366	3 263
温室种植	2 459	1 830	1 544	1 404	1 246
水产养殖	950	695	653	616	605
农业干燥	257	161	125	157	74
工业用热	852	610	533	484	474
洗浴和游泳池	12 253	9 140	6 700	5 401	3 957
制冷和融雪	435	360	368	371	114
其　　他	106	79	42	86	137
总　　计	107 627	70 329	48 490	28 269	15 145

表 1-2　世界地热直接利用前 10 名国家的装机容量及能源利用情况

国家	利用能量 /(TJ/a)	利用能量 /(GW·h/a)	总装机容量 /MWt	载荷系数	主要用途
中国	443 492	123 192.22	40 610	0.346	热泵/供暖
美国	152 809.5	42 447.08	20 712.59	0.234	热泵
瑞典	62 400	17 333.33	6 680	0.296	热泵
土耳其	54 584	15 162.22	3 488.35	0.496	洗浴/供暖

续表

国家	利用能量 /(TJ/a)	利用能量 /(GW·h/a)	总装机容量 /MWt	载荷系数	主要用途
冰岛	33 598	9 332.78	2 373	0.449	供暖
日本	30 723.27	8 534.24	2 570.46	0.379	洗浴
德国	29 138.64	8 094.07	4 806.34	0.192	热泵/供暖
芬兰	23 400	6 500	2 300	0.323	热泵/供暖
法国	17 279.6	4 799.889	2 597	0.211	热泵/供暖
瑞士	13 292	3 692.22	2 196.8	0.192	供暖

2011 年,Bertani、Goldstein 等对世界地热直接利用装机容量及利用能量进行了长期预测,其结果如表 1-3 所示。预计到 2050 年,地热直接利用开发出至少 800 GWt 的装机容量,前景十分广阔。

表 1-3 世界地热直接利用情况长期预测

	2020 年	2030 年	2050 年	2100 年
装机容量/GWt	160.5	455.9	800	1 316~5 685
世界预期用量/(TW·h/a)	421.9	1 998.8	2 102.2	3 457~14 940
世界预期用量/(EJ/a)	1.52	4.41	7.57	12.4~53.8

1.1.2 国外地源热泵产业发展概况

1912 年,瑞士 Zoelly 首次提出利用浅层地热能作为热泵系统的低温热源的概念,并申请了专利,这标志着地源热泵系统的问世。直到 1948 年,Zoelly 的专利技术才真正引起人们的普遍关注,尤其在美国和欧洲各国,人们开始重视此项技术的理论研究。自 1974 年以来,随着能源危机和环境问题日益严重,科研人员更重视对开发浅层地热能的地源热泵系统的研究,具有代表性的是俄克拉何马州立大学、橡树岭国家实验室、路易斯安那州立大学、布鲁克黑文国家实验室等的学者。

截至 2019 年年底,世界地源热泵装机容量为 77 547 MWt,占地热直接利用装机容量的 72%,年利用能量为 599 981 TJ,占比为 58.8%,有 54 个国家在使用地源热泵。2019 年,欧洲地源热泵设备数量达到 200 万台,其中在瑞上、奥地利、丹麦等中北欧国家,地源热泵在家用的供暖设备中占有很大比例。到目前为止,地源热泵已在北美洲、欧洲等地得到广泛应用,技术已趋于成熟。美国现有约 168 万台地源热泵,每年新安装约 8 万台地源热泵。

美国最早应用的地源热泵是地下水源热泵,20 世纪 40 年代末,俄勒冈州的工程师 Krocker 实现了地下水源热泵在商业性建筑物中的应用。近十年来,各种形式的地源热泵均得到较快的发展,尽管起初主要应用于居民住宅中,但现在在商业性建筑物中得到广泛的应用。在美国地热直接利用方式中,地源热泵占有很大的比例,约为 97%,而且发展很稳定,平均年增长率约为 3.7%。目前,40% 的地源热泵安装在居民住宅中,60% 的地源热泵安装在公共建筑中。用于公共建筑中的地源热泵形式以地埋管方式为主,约占 90%。

欧洲的地源热泵应用主要集中在一些中北欧国家,如瑞典、德国、瑞士、奥地利等。欧洲是地源热泵的起源地,20 世纪 50 年代,地源热泵的利用出现了一次高潮,但由于其价格高,没有得到进一步发展。在石油危机后,一些欧洲国家先后组织了五次大型的地源热泵专题国际学术会议,对 30 多个地源热泵项目进行了研究。欧洲的地源热泵发展一直走在世界前列,对于大部分北欧国家,地源热泵主要用于建筑供暖及提供生活热水,但各国在技术应用方式方面有所差异。瑞典的地源热泵形式以地埋管方式为主,80% 的地源热泵采用垂直埋管方式,其作用更多的是承担建筑的基本热负荷。荷兰则主要利用地下水,采用含水层储能技术,大大节约了系统运行成本并能实现地下水 100% 回灌,2019 年年初荷兰在运行的地下含水层储能供暖系统有 2 368 套。

1.1.3　国外地热供暖产业发展概况

地热供暖是地热直接利用的主要方式之一,也是一种清洁、环保的供暖形式,用于替代常规能源(煤、石油、天然气等)对建筑物进行供暖,可有效减少污染物排放,改善大气环境。同时,由于地热供暖站的占地面积小、运行费用低、资源综合利用收效大、资金回收快,地热供暖受到各国的重视。据 2021 年第六届世界地热大会统计,世界地热供暖装机容量达到 12 768 MWt,年利用能量达到 162 979 TJ,相较于 2015 年第

五届世界地热大会的统计数据分别提升了 68% 和 83.8%。采用地热供暖的国家主要
包括中国、冰岛、土耳其、法国、德国、匈牙利等。

冰岛地处北极圈边缘，气候寒冷，一年中有 300～340 天需要供暖。2014 年，该国
一次能源中可再生能源占 85%，其中地热能占 66%，水能占 19%，而石油占 13%，煤炭
占 2%。全国有 85% 以上的家庭用地热供暖，占地热直接利用方式的 73%。首都雷克
雅未克的地热供暖已有百年的历史，到目前为止，城市已全部实现地热供暖，被誉为
"无烟城"（图 1 - 2）。雷克雅未克的地热供暖产值占到冰岛国内生产总值（gross
domestic product，GDP）的 7%，每年减排 CO_2 超 1 亿吨。

图 1 - 2　冰岛首都雷克雅未克——"无烟城"

匈牙利的国土总面积约为 $9.3 \times 10^4\ km^2$，地热水是匈牙利的主要自然资源之一，分布范
围极广，分布面积约占全国总面积的三分之二。该国的地热供暖虽较地热农业和浴疗
的应用时间晚，但是发展很快，现有 23 个城镇用地热水进行供暖，总装机容量达到
300.6 MWt。全国最大的地热供暖站位于东北部的米什科尔茨，装机容量达到 55 MWt，总
投资为 2 500 万欧元，满足该市阿瓦斯区的大型住宅综合体的供暖和生活热水需求。

地热能在法国是继水能、生物质能、城市固体垃圾（具有资源属性）之后的第四位

可再生能源,占总能源的比例为 0.44%,位居世界第十。在过去的 40 年中,法国特别注重发展低温地热能用于建筑供暖,目前地热供暖装机容量达到 510 MWt。

地热供暖在美国地热直接利用方式中的占比不大,约为 1%。美国最早的地热供暖始于博伊西,建成于 19 世纪 90 年代初,开始早但发展不快。截至 2019 年年底,美国建成的地热供暖系统有 23 套,系统规模在 0.1~20 MWt,总装机容量超过 75 MWt,主要建成于 20 世纪七八十年代。受石油危机的影响,地热供暖系统展现出巨大的成本优势。按照美国能源部地热技术办公室制定的规划,到 2050 年全国的地热供暖系统安装总数达到 17 500 套。

1.2　国内地热直接利用现状

1.2.1　国内地热直接利用概述

我国开发利用地热能已有 3 000 多年的悠久历史,是世界上利用地热资源较早的国家之一。中华人民共和国成立后,国家重视发展医疗保健事业,从 20 世纪 50 年代起,先后建立了 160 多家温泉疗养院。20 世纪 70 年代,在中华人民共和国地质部李四光部长提出的要大力发展地热资源的倡导下,我国掀起了第一次地热普查、勘探和开发利用的热潮。随后,地热资源的开发利用进入快速发展阶段,尤其是自 20 世纪 90 年代以来,在市场经济需求的推动下,地热资源的开发利用得到更加蓬勃的发展。自 1995 年首届世界地热大会以来,中国地热直接利用能量一直位居世界第一。2014 年,我国地热直接利用方式发生了可喜的变化,地热供暖的占比首次超过温泉洗浴的占比。2019 年年底,我国地热直接利用装机容量为 40 610 MWt,占世界总装机容量的 37.7%,年利用能量为 443 492 TJ,占世界总利用能量的 43.4%。国内外地热直接利用对比情况如图 1-3 所示。

经过 40 多年的实践和发展,我国在地热资源的开发利用上形成了地热资源选区评价、地热热储工程、地热回灌、地源热泵、地热供暖、地热发电及综合梯级利用等一系列适合我国地热资源开发利用特点的实用技术体系,形成了以西藏为代表的地热发电,以天津、河北、河南、山东等为代表的地热供暖,以辽宁、北京、长三角地区为代表的地源热泵供热和制冷,以及以东南沿海地区为代表的温泉康养的开发利用格局。截至 2019 年年底,我国主要的地热直接利用方式及其占比如图 1-4 所示。

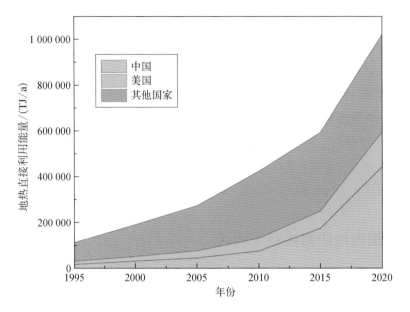

图 1-3　国内外地热直接利用对比情况

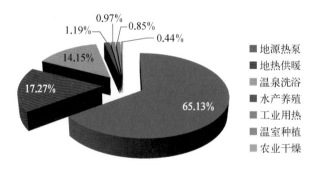

图 1-4　我国地热直接利用方式比例示意图

1.2.2　国内地源热泵产业发展概况

地源热泵技术自 20 世纪末被引进我国后,发展较为迅速,包括地下水源热泵技术、土壤源热泵技术、地表水源(污水源,江、河、湖、海水源,等等)热泵技术,用于满足建筑供暖/制冷和生活热水需求。2000 年,我国地源热泵的工程应用面积仅为 10^5 m^2;2004 年,该工程应用面积达到 7.67×10^6 m^2,当时排在世界 15 位之后;2006 年后,在国家政策支持和企业投入的双重激励下,我国的地源热泵产业快速形成并实现了迅猛的发展,如图 1-5 所示。2010 年,我国地源热泵装机容量达到 5 210 MWt,供暖(制冷)面积突破 10^8 m^2;2015 年,我国地源热泵供暖(制冷)面积突破 3.92×10^8 m^2,年利用能量超过美国,位居世界第一;2019 年年底,我国地源热泵供暖(制冷)面积约达到 8.41×10^8 m^2,地源热泵几乎遍布全国,主要分布在北京、天津、河北、辽宁、山东、湖北、江苏、湖南等省、市,其中京津冀地区和长江经济带的开发利用规模最大。

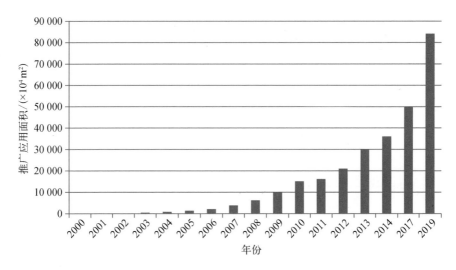

图 1-5　我国地源热泵应用的发展情况

为满足地源热泵工程应用快速增长的巨大市场需求,国内地源热泵生产企业得到了大发展,现在全国地源热泵机组和配件的生产厂商超过 4 000 家,研究机构和项目也有了相应发展。我国地源热泵利用的浅层地热资源量已超过水热型地热资源量,引领地热直接利用得到快速发展。

近年来,地源热泵工程呈大型化、规模化的发展特点,并注重与其他清洁能源多能互补利用,实现复合式清洁能源供应。北京城市副中心以浅层地热能为主,实现供暖(制冷)面积在 3×10^6 m^2 以上;北京大兴国际机场的地源热泵系统每年能提取 5.636×10^5 GJ 浅层地热能,实现机场公共区域近 2.57×10^6 m^2 办公场地的供热和制冷,节省 1 735.89 m^3 天然气,相当于 2.1×10^4 t 标准煤,可减少 1.58×10^4 t 碳排放;重庆江北城江水源热泵项目,规模达到 4×10^6 m^2;中国石化江汉油田地源热泵燃煤替代项目的规模达 5.7×10^6 m^2;长沙滨江新城 B 区项目由江水源热泵系统集中供热和制冷,区域供能面积达 2.1×10^6 m^2;南京江北新区江水源热泵项目的规模达 10^7 m^2。

1.2.3 国内地热供暖产业发展概况

地热供暖是我国重要的地热直接利用方式之一,年利用能量位居世界第一,约占世界总利用能量的55.6%。我国地热供暖已有上千年的历史,改革开放后,尤其是近年来,水热型地热供暖的开发利用在深度和广度上都有很大发展。据统计,1990年全国地热供暖面积仅为$1.9 \times 10^6 \ m^2$,2000年为$1.1 \times 10^7 \ m^2$,2019年达到了$2.82 \times 10^8 \ m^2$,近10年的年均增长率在25%以上。我国地热供暖的发展变化趋势如图1-6所示。

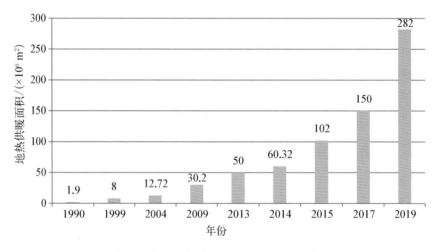

图1-6 我国地热供暖的发展变化趋势

我国地热供暖主要集中在京、津、冀、鲁、豫等水热型地热资源丰富的地区,已成为北方地区冬季清洁供暖的主力军,为减少城镇冬季雾霾作出突出贡献。河北雄县和天津市是两个具有代表性的区域,引领并带动我国地热供暖高质量发展。截至2019年年底,河北雄县共建成了地热供暖面积$5.3 \times 10^6 \ m^2$,创建了我国首座"无烟城"。雄县利用丰富的地热资源,不仅完成了雄县整个县城的冬季集中供暖,还对近20个城中村及自然村进行了供暖。同时,雄县利用地热供暖的尾水实施回灌,保护地热资源,实现了可持续开发,形成了水热型地热资源规模化开发利用的"雄县模式",从而实现了雄县地热安全高效科学开发,为下一步建设"美丽雄安"储备了技术、提供了经验。2019年,天津市地热供暖面积突破$4 \times 10^7 \ m^2$,成为我国地热供暖规模最大的城市。近年来,河北省、河南省和山东省迅速崛起成为地热供暖大省。截至2019

年年底,河北省地热供暖面积达到 $1.6×10^8\ m^2$,稳居国内首位;河南省地热供暖面积接近 $9×10^7\ m^2$;山东省水热型地热供暖面积已突破 $6×10^7\ m^2$。此外,我国油田区蕴藏着丰富的地热资源,开发潜力巨大。华北石油管理局在河北任丘、留北建成了 3 处利用脱油热水供暖示范工程,实现了多年来将脱油热水余热用于生产、生活的愿望。脱油热水换热解决了当地油田基地供暖问题,每年节约燃料、电力等项目费用数百万元。

1.3　地热直接利用技术发展趋势

1.3.1　中深层单井地热供暖技术

水热型地热供暖技术要求供暖区域存在丰富的地热水且容易开采和回灌,因此其使用场合有一定局限性。浅层地源热泵在我国应用较广,但由于占地面积大,因而在建筑密度大的城市的应用受到限制。中深层单井地热供暖技术与水热型地热供暖技术的区别在于不开采、使用地热水,不需要回灌,而与浅层地源热泵技术相比,可以显著减少占地面积。该技术在国内得到了一定的推广应用,建筑应用面积已超过 $2×10^7\ m^2$,可与水热型地热供暖技术形成相互补充,提升取热功率是该技术未来需要解决的核心问题。

单井地热供暖(single well geothermal heating,SWGH)系统,井深一般大于 1 000 m,通常采用同轴套管结构,通过金属外壁向岩石取热,通过内保温管将热量输出,该系统的原理见图 1 - 7。SWGH 系统采用全封闭循环,不开采地热水,没有腐蚀、结垢,不存在回灌等问题,成为地热供暖领域的新兴产业。SWGH 系统基本不受地域限制,占地面积小,如能进行规模化推广,这种供暖方式可与水热型地热供暖形成有益补充,为减少我国冬季雾霾作出贡献。另外,水热型地热资源的勘探风险较高,经常钻遇干孔,如果对干孔做

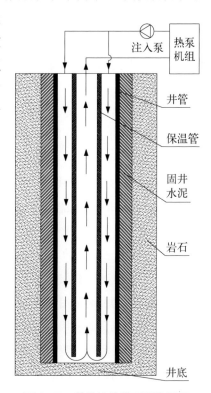

图 1 - 7　单井地热供暖系统原理

废弃处理,那么会极大地增加企业的投资风险。SWGH 系统可对干孔进行有效的利用,降低企业的投资风险。

目前关于 SWGH 系统的研究比较热门,主要分为两个方向。一个方向是将废弃油气井改造为地热井。由于世界范围内废弃油气井较多,改造为地热井的费用比新钻井低很多,因而这种方式受到很多研究者的关注。另一个方向是研究新钻探的地热井,利用数学模型模拟取热和恢复过程中地热井的性能,分析关键影响因素。对于浅层地埋管,可采用基于线热源的解析方法进行求解,但对于深度较大的地热井,由于深度方向上存在较大温差,因而线热源假设不再适用。现阶段,主流的 SWGH 系统的井深一般为 2 000~3 000 m,采出水温度较低,需要配置热泵。国内已有企业涉足 SWGH 系统,并在天津、西安、兰州和青岛等地开展了实践。实践过程中出现了不少问题,其中较为突出的问题是单井取热功率小和投资回收期长,这两个问题限制了 SWGH 系统的快速推广。缩短投资回收期,要从开源和节流两个方面入手。在开源方面,提高单井取热功率,增加供暖收益的同时也可以缩短投资回收期;在节流方面,国内的地热井多采用油气钻机及其工艺,钻井费用较高,急需研发地热专用钻机以降低钻井费用。

1.3.2　地热综合梯级利用技术

早在 1976 年,位于美国爱达荷州和犹他州的筏河(Raft River)示范工程就针对地热资源的综合利用问题展开了深入的研究。冰岛东北部胡萨维克地区结合当地的地热资源和用户需求,利用 124℃ 的地热水先发电再进行梯级利用,除发电的经济效益有所提高之外,地热供暖、木材干燥、水产养殖等方面都对地热资源的价值进行了充分利用。

Schellschmidt 等的报告显示,德国已有三个地热电站结合了地热发电和地热供暖,这三个电站分别是位于北德盆地的 Neustadt-Glewe 电站、位于莱茵地堑盆地的 Landau 电站和位于磨拉石盆地的 Unterhaching 电站。其中,Landau 电站主要用于发电,其余两个电站则主要用于区域供暖,如表 1-4 所示。

地热资源的梯级利用方式主要取决于地热水的温度及其所处的地理位置。我国北方地区的地热资源利用主要集中在北京、天津、河北、河南、山东等地,是主要围绕地热供暖的综合利用。我国南方地区的地热资源利用主要集中在东南沿海地区,如福建、广东、海南、湖南等地,而以地热制冷为主题的综合利用系统还处于探索阶段。目前,我国北方地区大体上向"地热供暖—旅游康养—种植养殖—休闲娱乐"这一模

式发展,而东南沿海地区以"地热制冷—温泉康养—种植养殖—农产品烘干"为主要
发展方向,西南地区以地热发电和开发地热旅游为主。虽然我国有一些地热综合利
用的成功案例,但整体上缺乏地热综合利用、梯级利用的全面技术、模式或方法。目
前,常用的地热梯级利用模式有:① 以地热供暖为主的梯级利用;② 以地热制冷为主
的梯级利用;③ 以地热发电为主的梯级利用;④ 以地源热泵为主的梯级利用;⑤ 以地
热干燥为主的梯级利用。

表 1-4 2009 年结合发电与区域供暖的地热电站情况(德国)

电 站	所处盆地	主要用途	最大流速/(L/s)	发电装机容量/MWe	供热装机容量/MWt
Neustadt-Glewe 电站	北德盆地	区域供暖	35	0.25	10.5
Landau 电站	莱茵地堑盆地	发电	70	3.00	3.5
Unterhaching 电站	磨拉石盆地	区域供暖	150	3.36	38.0
合 计			255	6.61	52.0

因地制宜地用地热资源替代更多的燃煤,在城市应大力发展供热、空调制冷和
制生活热水的所谓"三联供";在农村应发展地热水产养殖、温室种植及农产品烘干
等;在广大旅游区应发展温泉疗养和理疗、娱乐休闲等高品位的"温泉文化",以适
应不断提高的生活水平和满足美好生活需要。充分发挥地热资源的价值,使效益
最大化,需考虑综合利用和梯级利用,尤其是温度较高时可考虑热电联产,依靠这
样的集约化发展模式,同时关注地热回灌等关键技术,进一步提高能源利用效率,
实现可持续发展。

1.3.3 地下储能式供暖技术

地下储能式供暖技术是指利用地下的自然热容来存储热能,以满足供暖时的用
热需求,其核心在于将热能存储在地下,如图 1-8 所示。地下储能分为含水层储
能(aquifer thermal energy storage,ATES)和钻孔式储能(borehole thermal energy storage,
BTES)。其中,ATES 的存储容量较大、成本较低,因此较适合大规模应用。根据地下
深度的不同,地下含水层分为浅层(<500 m)含水层和中深层(≥500 m)含水层。

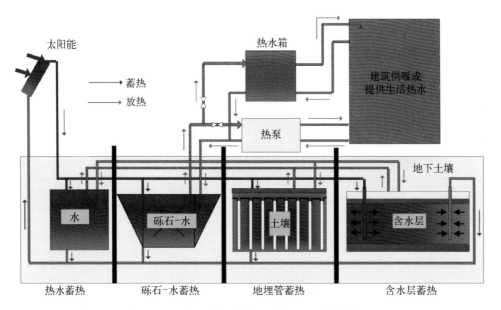

图 1-8　地下储能式供暖系统原理及常见类型

我国地下 ATES 技术的应用起源于 1965 年上海地下水人工回灌工程,利用以"冬灌夏用"为主、"夏灌冬用"为辅的季节性储能为当时的纺织厂调温和调湿。在随后的几年里,地下 ATES 系统的数量逐渐增加。然而由于含水层流体污染、井配置不当、管道腐蚀堵塞等问题,地下 ATES 系统不能被可持续利用而停止运行。从 20 世纪 80 年代开始,荷兰和瑞典经过工程可行性论证,分析了水文地质条件和热力学参数对存储效率的影响,进而对系统进行了优化,使得地下 ATES 技术实现了工程应用。目前,应用主要集中于浅层 ATES 系统,全球有 2 800 多个该系统在运行,以在荷兰的应用范围最为广泛。国内外主要地下储能式供暖/空调技术应用实例如表 1-5 所示。

表 1-5　国内外主要地下储能式供暖/空调技术应用实例

国　家	年份	储能目的	井数/个	井深/m	容量/MW	冷/热水温度/℃	供应场合
挪　威	1998	供暖+空调	18	45	7.0	—	医院
德　国	1999	供暖+空调	12	300	—	—/19.0	会议大厦
比利时	2000	供暖+空调	2	65	1.2	8.0/18.0	医院

续表

国　家	年份	储能目的	井数 /个	井深 /m	容量 /MW	冷/热水 温度/℃	供应场合
加拿大	2002	供暖+空调	2	—	1.8	10.0/60.0	温室
德　国	2005	供　暖	2	1 250	3.3	—/55.0	工商业建筑、住宅等
中　国	2010	供暖+空调	3	—	—	—/26.2	青少年宫
日　本	2011	供暖+空调	5	50	—	—	大学
英　国	2013	供暖+空调	8	70	2.9	—	住宅
荷　兰	2015	供暖+空调	7	—	20.0	—	工商业建筑、住宅等
中　国	2016	供暖+空调	2	—	—	10.0/43.0	工厂

参考文献

[1] 汪集暘,马伟斌,龚宇烈,等.地热利用技术[M].北京:化学工业出版社,2005.

[2] 吴治坚.新能源和可再生能源的利用[M].北京:机械工业出版社,2006.

[3] 周念沪.地热资源开发利用实务全书(第二册)[M].北京:中国地质科学出版社,2005.

[4] 廖志杰,赵平.滇藏地热带——地热资源和典型地热系统[M].北京:科学出版社,1999.

[5] Lund J W, Boyd T L. Direct utilization of geothermal energy 2015 worldwide review[J]. Geothermics, 2016, 60: 66 - 93.

[6] Lund J W, Freeston D H, Boyd T L. Direct utilization of geothermal energy 2010 worldwide review[J]. Geothermics, 2011, 40(3): 159 - 180.

[7] Bertani R. Geothermal energy: An overview on resources and potential[C]//GeoFund - IGA Geothermal Workshop "TURKEY 2009", February 16 - 19, 2009, Istanbul, Turkey. [S.l.]: International Geothermal Association, 2009: 36 - 52.

[8] Goldstein B A, Hiriart G, Tester J, et al. Great expectations for geothermal energy to 2100 [C]//Thirty-Sixth Workshop on Geothermal Reservoir Engineering, January 31 - February 2, 2011, Stanford University, Stanford, California. Potsdam: Helmholtz-Zentrum

Potsdam, Deutsches GeoForschungsZentrum, 2011.

[9] 陈焰华.中国地热能产业发展报告(2021)[M].北京：中国建筑工业出版社,2022.

[10] 徐伟.中国地源热泵发展研究报告(2018)[M].北京：中国建筑工业出版社,2019.

[11] 多吉,王贵玲,郑克棪.中国地热资源开发利用战略研究[M].北京：科学出版社,2017.

[12] Elíasson E T, Björnsson O B. Multiple integrated applications for low- to medium-temperature geothermal resources in Iceland [J]. Geothermics, 2003, 32 (4/5/6): 439－450.

[13] Schellschmidt R, Clauser C, Sanner B. Geothermal energy use in Germany at the turn of the millennium[C]// World Geothermal Congress 2000, May 28－June 10, 2000, Kyushu-Tohoku, Japan. [S.l.: s.n.], 2000: 427－432.

[14] Zhou X Z, Xu Y J, Zhang X J, et al. Large scale underground seasonal thermal energy storage in China[J]. Journal of Energy Storage, 2021, 33: 102026.

[15] 黄永辉,庞忠和,程远志,等.深层含水层地下储热技术的发展现状与展望[J].地学前缘,2020,27(1): 17－24.

[16] 张媛媛,叶灿滔,龚宇烈,等.地下储能技术研究现状及发展[J].华电技术,2021, 43(11): 49－57.

第 2 章

地热供暖技术

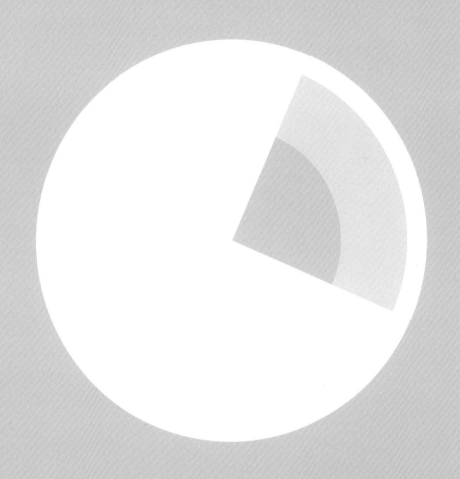

2.1 地热供暖技术原理及分类

地热供暖技术的原理是将地热水作为热源,利用潜水泵从生产井中抽取出来,经过地热水管线输送至换热站,直接或间接地将热量传递至末端采暖用户,其温度降低后经过尾水处理设备,加压或自然回灌至回灌井,实现同层回灌。

地热供暖按地热水的热量传递方式的不同,主要分为地热直接供暖和地热间接供暖两种技术类型。

（1）地热直接供暖

地热直接供暖属于潜水泵直流供暖方式,是指来自地热生产井的地热水,经由传输分配系统直接送往末端采暖用户,进入采暖用户管道、终端散热设备的一种供暖技术形式,如图2-1所示。

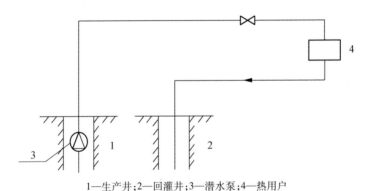

1—生产井;2—回灌井;3—潜水泵;4—热用户

图2-1 地热直接供暖示意图

地热直接供暖系统具有如下特点：

① 整个供暖期内管网供水温度基本恒定；

② 供暖回水一般不循环使用,地热水供暖后排放或进行综合利用,排放水量等于地热井供水量,浪费资源且污染环境；

③ 系统为开式,潜水泵承担全部流动阻力和位能损失,需要较大扬程；

④ 系统由于不使用换热设备,因而与地热间接供暖系统相比的投资较小；

⑤ 对水质有一定要求,经水质分析判断,若地热水属于腐蚀性水,则不宜采用地热直接供暖系统,否则会严重影响系统的可靠性和使用寿命,增加维修工作量和费用。

地热水多具有腐蚀性和结垢性等特点,可能会导致末端用户设备腐蚀泄漏、环境污染等问题,因此地热直接供暖方式正逐渐被地热间接供暖方式代替。

(2) 地热间接供暖

地热间接供暖是指来自地热生产井的地热水,通过换热器等设备将热量传递至采暖循环水,采暖循环水吸收地热水中的热能,温度升高,通过采暖循环管网把热能输送至末端采暖用户,供热降温后返回换热站中再次吸收热能,循环往复,持续供热,如图2-2所示。

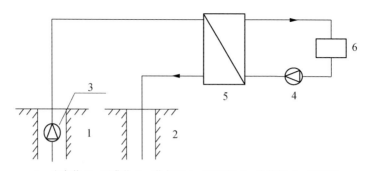

1—生产井;2—回灌井;3—潜水泵;4—循环泵;5—换热器;6—热用户

图2-2　地热间接供暖示意图

地热间接供暖方式的特点是地热水在一个密闭的独立系统中,不与外界大气和采暖末端接触,与热介质热交换后回灌到原地层中,有利于保护资源和环境。此外,地热水不直接入户,地热水的腐蚀性对系统影响很小,因此地热供暖技术的类型已经由单一的直接供暖向间接供暖以及其耦合热泵技术的尾水利用、耦合其他能源的调峰技术等多个方向发展。

2.1.1　地热供暖系统特点

地热供暖系统是一个强烈依赖于地热资源的有机系统。地热资源的富集程度、分布特点、能源品位、取用方式等,决定了地热供暖系统具有自己的特点。

(1) 分布式热源和分布式换热站

单口地热生产井开采的地热水量有限,当热负荷需求较大时,为保证生产井的稳定,防止串水现象的发生,需要根据地质设计的要求进行井位布置,生产井与生产井之间、生产井与回灌井之间的距离不能小于要求的间距。考虑到地热水温度、井间距和管网经济性等因素,不同于城镇热电联产集中供暖系统的单一热源和大热网模式,地热供暖系统通常采用分布式热源和分布式换热站的供暖模式,通过经济的短距离地热水集中输送进行分布式供暖。图 2 - 3 为某地区地热供暖规划的地热井井位与换热站布置图,体现了布井间距的要求以及热源与换热站分布式规划设计的特点。

图 2-3　某地区地热供暖规划的地热井井位与换热站布置图

（2）间接换热,采灌平衡

地热供暖系统利用间接换热技术,只提取地热水中的热量,消除供暖系统对地热水的影响,同时配合地热回灌技术,实现"只取热,不耗水",能够有效避免地热水受污染、地热水污染地表水、地热水无回灌等一系列化学污染和热污染的环境问题。采灌平衡技术能够有效地对热储进行人工补给,减缓热储压力下降。此外,间接换热技术通过换热器将地热水和供暖软化水两套水循环系统分隔开,避免高矿化度的地热水对末端热力管网和采暖设备造成的腐蚀与结垢,将硬度较大的地热水对整个供暖系统的影响限制在地热水侧和换热站内,大大增加系统的安全性和使用寿命,减少系统的后期维护量,间接增加经济效益,如图2-4所示。

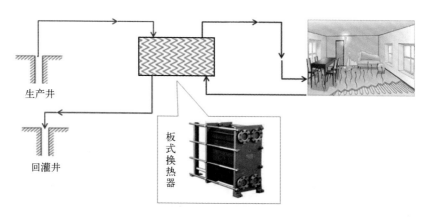

图2-4　间接换热技术、采灌平衡技术工艺流程示意图

（3）能量梯级利用

地热供暖系统根据热源品位、采暖需求等因素统筹规划,遵循"品位对口,梯级利用"的科学原则,针对散热器、节能型地板辐射、风机盘管等不同采暖末端的不同供热品位需求,分级、分层次利用地热能,提高地热能利用效率,如图2-5所示。此外,回灌尾水通常有较高的温度,可以利用热泵技术对其进行深度梯级利用,增强供暖能力。

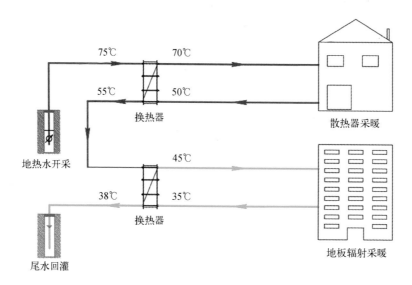

图2-5　能量梯级利用技术工艺流程示意图

2.1.2　地热供暖系统类型及工艺流程

　　地热直接供暖方式存在一定的弊端,因此逐渐被禁止或替代。目前,采用以间接换热为特点的地热供暖方式,并且以地热水为主要热源的地热供暖系统主要包括地热间接直供系统、地热间接供热+尾水热泵提温系统和地热间接供热+其他能源调峰系统三种类型。

　　(1) 地热间接直供系统

　　地热间接直供系统的工艺流程如图 2-6 所示。该系统分为相互独立的两路,以板式换热器为界,分别称为一次侧和二次侧。一次侧流体为地热水,经地热水管道从生产井送至换热站后,在板式换热器中与二次侧流体,即采暖循环水进行热交换。二次侧流体被加热到供暖所需的温度后,进入供热总管并对用户供热,供热后的回水首先进入除污器进行除污,然后经过循环泵送往板式换热器二次侧入口进行加热,至此完成循环。由于二次侧存在一定的热水损失,因而自来水经过软化后进入补水箱作为二次侧流体的补水,由补水泵向回水总管补水。板式换热器一次侧出口的地热水温度降低,经过尾水处理设备,加压或自然回灌至回灌井,实现同层回灌。

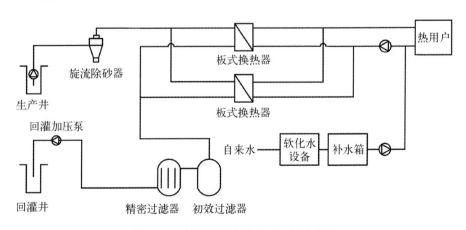

图 2-6　地热间接直供系统工艺流程图

　　(2) 地热间接供热+尾水热泵提温系统

　　一般来说,板式换热器一次侧出口的地热水有较高的温度,在新建地热井不经济的情况下,可以利用热泵进一步回收尾水中的热量,在一定程度上增强供暖能力,这类系统称为地热间接供热+尾水热泵提温系统。它是地热供暖深度梯级利用的一种方式,其工艺流程如图2-7所示。地热水从生产井中被抽取出来,经过地热水管线输送至换热站并进行除砂后,通过一级板式换热器将热量传递至采暖循环水,温度初步降低;初次换热后的地热尾水在通过二级板式换热器后温度进一步降低,并把热量传递给中间循环水,最终通过热泵技术将热量提取至采暖循环水;尾水经过处理设备,加压或自然回灌至回灌井。在换热站内,自来水经过软化处理后补充进入采暖循环管网,采暖循环水通过板式换热器和热泵吸收地热水中的热能,温度升高,而后通过采暖循环管网把热能输送至末端采暖用户,供热降温后返回换热站并再次吸收热能,循环往复,持续供热。

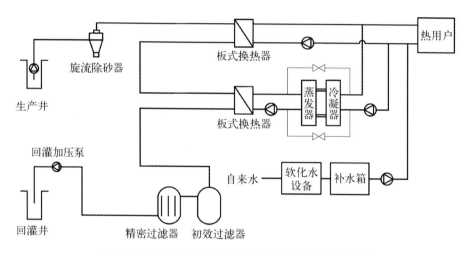

图2-7 地热间接供热+尾水热泵提温系统工艺流程图

(3)地热间接供热+其他能源调峰系统

当地热井数量不足,或者存在少量调峰需求但新建地热井不经济时,可以采用地热间接供热+其他能源调峰系统。地热供暖系统由于运营成本较低,在整个供暖系统中通常承担基础热负荷。以地热间接供热+燃气锅炉调峰系统为例,其工艺流程如图2-8所示。该系统是在地热间接供热+尾水热泵提温系统的基础上,在二次侧采暖供、回水管线上并联或串联燃气锅炉(为了避免燃气锅炉的热水设计流量过大,通常采用并联形式)。当供暖初期或末期的外界气温较高,系统只需较低热负荷运行时,采用地热间接直供或地热间接供热+尾水热泵提温的地热梯级供暖方式,以满足基本供热负荷;当天气寒冷,地热供热负荷不足时,由燃气锅炉进行调峰补热,以保证供暖系统的安全和高质量运行。

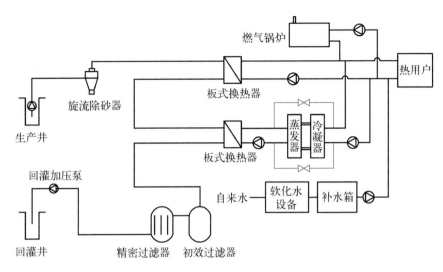

图 2-8　地热间接供热+燃气锅炉调峰系统工艺流程图

2.2　地热供暖系统设计

由于地热供暖系统的热源来自地下热储层中赋存的地热水,因此地热井和换热站是地热供暖系统必不可少的两个组成部分,通过管网将它们与采暖用户相连接,从而形成有机的整体。从系统的角度看,地热供暖系统设计可以分为地热井系统设计、换热站系统设计和管网系统设计三个主要部分。

（1）地热井系统设计

地热井系统是沟通地面用热需求与地下热源的桥梁。地热井系统设计需要综合地热资源、地面需求、场地条件等因素,确定钻井规模及布井方式,完成井身结构、钻井工艺、固井工艺等钻井工程设计,以及井室、井口装置等地热井配套设施设计等。

（2）换热站系统设计

换热站系统是负责热量传递、维持能量流动的枢纽。换热站系统设计包括工程选址、总平面布置、工艺流程设计、参数计算、主要设备选型,以及建筑结构、供配电、自动控制与信息化、采暖通风、消防和给排水等配套工程设计。

（3）管网系统设计

管网系统是热源、热用户与枢纽之间的纽带。对于地热间接供暖系统,管网系统设计包括地热水输送管网设计和采暖水输送管网设计,需要结合实地踏勘情况(路由上是否有天然气管道、通信光缆、市政道路、铁路、河流等),明确管网的设计范围、路由走向,是否涉及顶管穿越、敷设方式、管材选择、管径选择、管道附件、保温及防腐等。

以上三个部分构成完整的地热供暖系统设计,其设计规模和参数选型首先取决于供暖建筑对象所需要的供暖热负荷计算结果。

2.2.1 建筑供暖热负荷计算

(1)基本设计条件确定

建筑供暖热负荷因地区而异,因此应首先明确建筑所在地的供热设计条件和气象参数,才能用于各类热负荷计算和耗热量计算,其主要包括采暖室外计算温度、采暖室内计算温度、采暖室外平均温度、采暖室外起始温度等。按照GB 50736—2012《民用建筑供暖通风与空气调节设计规范》和GB 50019—2015《工业建筑供暖通风与空气调节设计规范》,采暖室外计算温度应采用历年平均不保证5天的日平均温度。设计计算用采暖期天数应按累年日平均温度稳定低于或等于采暖室外临界温度(采暖室外起始温度)的总日数确定,民用建筑采暖室外临界温度一般采用5℃。

由于当前我国强制供暖地区均根据各城市实际需要规定了集中供暖时间,因此建筑供暖设计计算用采暖期天数一般与项目所在地集中供暖时间一致。

(2)设计热负荷计算

单位面积热指标是计算建筑供暖设计热负荷的重要依据,与室外温度、建筑围护结构、保温材料的传热系数、窗体的传热系数、建筑物体形系数、新风量、热损失等有关,因此同类建筑的热指标有所差异,各地的热指标更有所差异。

单位面积热指标的大小主要取决于通过垂直围护结构向外传递热量的多少。它与建筑平面尺寸和层高有关,而不直接取决于建筑平面面积。用供暖体积热指标表征建筑供暖热负荷的大小,物理概念清楚,但供暖面积热指标法比供暖体积热指标法更易于概算,因此多采用供暖面积热指标法进行概算。

对于新建建筑,单位面积热指标一般由建筑设计院计算并标注于暖通专业设计文件中;对于既有建筑,单位面积热指标应按照调查的实际热负荷确定,或者参照建筑建设同期相关设计标准。

单位面积热指标与采暖建筑面积的乘积,即采暖建筑的设计热负荷,公式如下:

$$Q = q_0 \cdot A/1\,000 \tag{2-1}$$

式中,Q 为设计热负荷,kW;q_0 为单位面积热指标,W/m^2;A 为采暖建筑面积,m^2。

(3) 热负荷曲线绘制

根据以上热负荷计算结果,得到采暖建筑的设计热负荷,即最大热负荷 Q。由于采暖期内的室外温度处于不断变化的状态,为了指导系统设计和运行调控,预估供暖能耗,节约能源,通常还需要计算平均热负荷、最小热负荷及采暖全年耗热量等指标,并绘制热负荷延续时间图。

平均热负荷的计算公式为

$$Q_{ave} = Q \frac{T_i - T_{o\text{-}ave}}{T_i - T_{o1}} \tag{2-2}$$

最小热负荷的计算公式为

$$Q_{min} = Q \frac{T_i - T_{o2}}{T_i - T_{o1}} \tag{2-3}$$

采暖全年耗热量的计算公式为

$$\sum Q = 0.086\,4 \times N \times Q_{ave} \tag{2-4}$$

不同室外温度下供暖热负荷的计算公式为

$$Q_n = \begin{cases} Q & (n \leqslant 5) \\ (1 - \beta_0 R_n^b) Q & (5 < n \leqslant N) \end{cases} \tag{2-5}$$

其中,

$$\beta_0 = \frac{5 - T_{o1}}{T_i - T_{o1}} \tag{2-6}$$

$$R_n = \frac{n - 5}{N - 5} \tag{2-7}$$

$$b = \frac{5 - \mu T_{o\text{-}ave}}{\mu T_{o\text{-}ave} - T_{o1}} \tag{2-8}$$

$$\mu = \frac{N}{N-5} \qquad (2-9)$$

式中，Q_{ave} 为采暖室外平均温度下的热负荷，kW；Q_{min} 为采暖室外起始温度下的热负荷，kW；Q 为设计热负荷，kW；Q_n 为室外温度 T_w 下的热负荷，kW；T_i 为采暖室内计算温度，℃；$T_{o\text{-}ave}$ 为采暖室外平均温度，℃；T_{o1} 为采暖室外计算温度，℃；T_{o2} 为采暖室外起始温度，℃；N 为采暖期天数；n 为延续天数；R_n 为无因次数，表示无因次延续天数或小时数；b 为 R_n 的指数；β_0、μ 为修正系数。

采用公式法计算求得热负荷延续时间表，并绘制热负荷延续时间图，如图 2-9 所示。在热负荷延续时间图中，热负荷不是按出现时间的先后排列的，而是按其数值大小排列的。横坐标的左侧为室外温度 T_w，纵坐标为供暖热负荷 Q_n；横坐标右侧的 n' 代表采暖期中室外温度 $T_w \leqslant T_{o1}$（T_{o1} 为采暖室外计算温度）出现的小时数，n_1 代表采暖期中室外温度 $T_w \leqslant T_1$ 出现的小时数，n_k 代表整个采暖期的供暖总小时数。图中曲线 $Q_n' - a' - a_1 - a_k - n_k - O$ 所包围的面积就是采暖期的供暖年总热负荷。

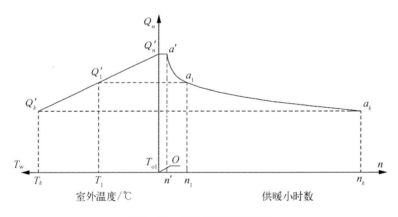

图 2-9　热负荷延续时间图

2.2.2　地热供热量计算

地热供暖系统设计应以地热资源承担基础热负荷，以辅助能源承担调峰热负荷。地热供热能力应满足建筑的基本热负荷，按下式计算：

$$Q_d = \frac{1}{3\,600} \times G_d \times \rho_p \times c_p \times (T_{di} - T_{do}) \qquad (2-10)$$

式中，Q_d 为建筑的基本热负荷，kW；G_d 为地热井开采量，m^3/h；ρ_p 为地热流体的密度，kg/m^3；c_p 为地热流体的定压比热容，$kJ/(kg \cdot \text{℃})$；T_{di} 为地热流体的供水温度，℃；T_{do} 为无调峰装置时地热流体的回水温度，℃。

调峰热负荷应按下式计算：

$$Q_t = Q - Q_d \tag{2-11}$$

式中，Q_t 为调峰热负荷，kW；Q 为建筑的设计热负荷，kW。

2.2.3　地热供暖方案设计

地热供暖方案设计应遵循如下原则及思路：

① 利用项目所在地的地热能作为采暖热源或主要采暖热源，依据分布式的特点就近建设一套独立的供暖系统，满足项目基本用热需求，保证项目供暖效果；

② 采用间接供暖方式、信息化动态监测技术和地热尾水回灌技术，实现供暖系统安全、经济、高效运行；

③ 坚持安全、节能、环保的设计理念，实现地热水完全同层回灌，达到"只取热，不耗水"的目标，实现经济效益、环境效益和社会效益；

④ 采用先进工艺、先进设备，降低设备能耗，提高供暖系统的保温性能，确保安全、环保、节能。

地热供暖方案设计包括项目调研、地热资源评价、地热井系统设计、换热站系统设计、管网系统设计、配套工程设计、投资估算、财务评价和风险分析等部分，用于为项目提供初步决策依据，也为后续的可行性研究及工程设计提供参考和做铺垫。

（1）项目调研

项目调研是开展方案设计的基础。通过项目调研，明确项目的名称和建设单位的基本情况，收集拟供暖对象的位置分布、供暖面积、供暖计划、预留换热站场地等必要信息，为后续方案设计做好充分的前期准备。

项目调研成果需体现在方案设计报告中，简述项目前期主要内容，包括：基本信息、前期洽谈、合同谈判等内容和有关部门批复的要点以及已取得的成果；结合项目所在地的地热资源情况、发展规划、需求分析等内容，分析项目现状市场，并对项目可持续性进行科学预判；说明项目在行政区中的位置以及该区的人文状况和社会经济简况，介绍当地的政策资源,包括各项与项目相关的优惠、鼓励、税收减免政策(或者各项不鼓励项目的政策),当地政府对项目建设的特殊要求等内容;对项目建设及运营所需的配套资源以及项目所在地的配套程度进行分析,包括水、电、气、暖、交通、通信等资源。

(2)地热资源评价

地热资源具有地域上的差异性,因此进行地热供暖方案设计的基础是评价项目所在地的地热资源,以论证其是否能够支持地热供暖项目,同时为后续设计环节提供必要设计资料。

地热资源评价的内容主要包括:

① 区域地质概况,明确项目所属区域的构造特征、二级构造带的分布特征和项目所处的构造位置及其地层发育特征;

② 储层特征,对储层的构造特征、沉积类型、岩性类型、物性特征、分布特征以及导热性和导水性进行描述;

③ 地温场分布特征及地热类型,对热储层的纵向、平面温度变化特征及热储等地热类型等进行描述;

④ 地层压力特征,描述热储层的地层压力、压力梯度及压力系数,确定热储层的压力系统;

⑤ 地热水流体性质,对地热水的矿化度、化学类型、离子成分、硬度、pH 等进行描述,对地热水的质量、腐蚀性和结垢性进行分析与评价;

⑥ 地热资源量计算,确定热储层的厚度、温度、有效孔隙率、岩石密度、岩石和水的平均热容量、基准温度、压缩系数、回收率等参数,采用热储法计算地热资源量和地热流体资源量;

⑦ 地热资源可开采量计算,分别计算热储中的地热流体可开采量和可利用的热能量,利用理论计算或目前地热井的井口出水测量资料,预测地热井的井口出水温度和井口出水量;

⑧ 回灌可行性分析,说明回灌目标层的基本情况,包含岩性特征、物性特征、透水性能,预测回灌压力、回灌比例。

综合以上论述,形成地热资源评价结论,对储层特征、地热流体可开采量和可利用的热能量等进行总结与归纳,说明地热资源是否满足需求。

(3)地热井系统设计

地热井系统设计,指根据地热资源评价及开发方案设计、供热需求及单井供热量,核算热源匹配性,预测开采井的规模和采灌井的数量,进而确定钻井规模及布井方式、钻井工程设计、固井工艺选择、地热井配套设施设计等。

① 钻井规模及布井方式

依据地热资源评价所预测的水温、水量,计算单口地热生产井中的地热水能够提供的最大热量,计算公式为

$$Q_w = 1.163 \times q_w \times (T_1 - T_2) \qquad (2-12)$$

式中,Q_w 为地热水换热提供的热量,kW;q_w 为地热水流量,m^3/h;T_1 和 T_2 分别为地热水在换热器中的进、出口温度,℃;常数 1.163 为不同单位体系的转化系数。

依据采暖建筑的设计热负荷和单口地热生产井的最大供热负荷,计算所需生产井的数量;依据回灌可行性分析结论,匹配相应的回灌井,确定钻井规模;依据地质条件,设计新钻井的工作量、井型、总进尺和单井进尺;依据地热供暖项目开采井的井网部署、地理位置、地域特点,选择地热井井场位置,制定布井方案,明确井台数量以及不同井台新钻井的井号、井型和数量。

② 钻井工程设计

依据项目所属区域的地层岩性、构造及热储层性质,结合投资效益评价和完井工程要求,选用合理的井身结构,明确并设计井深、取水层位及岩性,绘制井身结构示意图,如图 2-10 所示。

依据新钻井井深及钻井安全需要,确定钻机型号;依据地热井井身结构、地层压力和岩性特征,选择钻头型号、钻井液类型。

③ 固井工艺选择

根据新钻井固井要求和地层特点,确定各开次固井工艺、水泥浆性能,并确定水泥返高。

④ 地热井配套设施设计

设计地热井井口装置、潜水泵、变频柜和配电设备,明确并设计地热井井室形式。

(4) 换热站系统设计

换热站系统设计首先应明确换热站所需承担的热负荷,若存在多个换热站,则需要进行热源配置,制定换热站方案,根据供暖热负荷分别计算各个换热站或各个采暖单元所需承担的热负荷和所需的地热水流量。

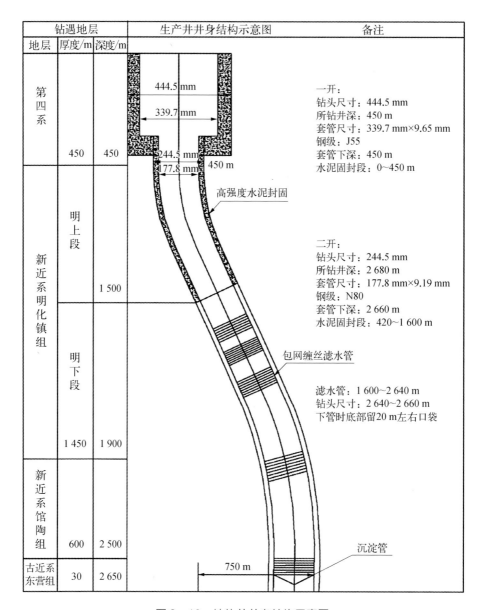

钻遇地层			生产井井身结构示意图	备注
地层	厚度/m	深度/m		

图2-10 地热井井身结构示意图

换热站系统设计包括工程选址、总平面布置、工艺流程设计、参数计算、主要设备选型，以及建筑结构、供配电、自动控制与信息化、采暖通风、消防和给排水等配套工程设计。

① 工程选址

明确站址基础条件，包括站址周边道路交通、供水管线、电源进线、雨污排管线、生活区等条件。站址选择应符合所在地区的规划,有利于资源合理配置、节约用地和少占耕地以及减少拆迁量;有利于依托社会或现有设施(现有管网设施等);有利于建设和运行、环境保护、可持续发展;有利于劳动安全及卫生、消防等;有利于节省投资、降低成本、增强产品竞争力、提高经济效益。

② 总平面布置

结合项目调研情况、场地条件和钻井部署,在选定站址范围内研究地热站、地热井、输送管网及其他设备设施的平面布置。

③ 工艺流程设计

确定热力系统工艺流程,说明工艺技术路线及其特点、设计参数、关键控制方案等内容,并绘制工艺流程图,重点明确系统的组成、分区、主要设备、管线分布以及换热器的末端负荷、各侧热水流量和进、出口温度等。

④ 参数计算

根据供暖及区域要求,进行热力系统的热平衡计算,确定主要技术参数,一般包括压力、温度、流量等参数。

⑤ 主要设备选型

依据工艺流程及参数计算结果,结合设备选型要求,确定主要设备的规格、数量及技术参数。

(5) 管网系统设计

对于地热间接供暖系统,管网系统分为地热水输送管网和采暖水输送管网两部分,两者以换热站板式换热器为界限,因此也分别被称作一次侧管网和二次侧管网。管网系统设计应明确敷设方式、管材、管径、管道附件、保温及防腐。地热水输送管网连接地热井和换热站,由于地热水通常具有腐蚀性和结垢性,因此对一次侧管网在选材等方面有特别的要求。同时,地热水输送过程中为了尽量减少热损失,一次侧管网通常采用聚氨酯泡沫保温。在进行管网系统设计时,需要根据现场踏勘情况,明确管网的设计范围、路由走向,同时需要避免管网路由与天然气管道、通信光缆、市政道路、铁路、河流等有冲突。

(6) 配套工程设计

配套工程是指与主体工程相配套的工程。对于地热供暖系统而言,绝大部分的配套工程量发生在与换热站系统配套的设计中,主要包括建筑结构、供配电、自动控制与信息化、采暖通风、消防和给排水等方面。

① 建筑结构

建筑结构部分的设计内容主要包括站房、井房、室外及其他有专业要求的建筑结构部分。建筑结构设计需确定工程地质概况、地下水位、冻土深度、工程等级、主要建(构)筑物级别、抗震设防标准等;站房、井房方案应简述建筑物的结构形式、设计使用年限、建筑做法、建筑材料、基础形式、地基处理形式等,其他有特殊要求的应予以说明;室外及其他建(构)筑物方案应说明其功能、使用条件、主要材料和做法以及相关的其他说明。

② 供配电

供配电部分的设计内容主要包括高压部分、变压器部分和低压部分等。结合项目调研所掌握的电压等级、导线型号、线路负荷率等电源现状,确定用电设备的负荷等级,进行负荷计算,确定计算功率、补偿容量、视在功率等;根据负荷计算结果,结合供电系统现状,确定电源接入方案;根据负荷等级及负荷计算结果,合理选择变配电装置,结合用电设备设施布置,确定各设备单元的配电引出方案;明确动力设备的启动和控制方式选择,并对接自控通信部分需要接入采集的电气信号;设计高、低压电缆的敷设方式;根据建(构)筑物功能和使用要求,依据照明设计规范,合理选择对应的照明标准、灯具和配线方案;明确防雷等级及其措施、对要求防静电设备和管道采取的措施。

③ 自动控制与信息化

为了提高系统的运行效率,延长设备的使用寿命,减少人工和运行成本,设备通常都设计成有自动控制和调节能力。在自动控制方面,通常通过设置可编程逻辑控制器(programmable logic controller, PLC),采集温度、压力、流量、液位等信号,同时具备远传功能;水泵采用变频控制,具有远程状态监视、启停控制、运行状态显示、故障报警等功能;热源(换热器)具有气候补偿及水温、水量自动调节功能;还有一些逻辑控制功能,例如补水箱采用自动补水控制,补水泵具备补水箱缺水停止连锁功能,循环泵采用压差(温差)控制。

为了实现以上功能,自动控制与信息化需说明工艺流程对自动化的要求,考虑项目的投资情况及生产过程的要求等,确定拟建项目的自动化水平;根据工艺要求,详细列出压力、温度、流量、液位等检测和控制内容;明确仪表选型原则,按压力仪表、温度仪表、流量仪表、液位仪表、电动调节阀等列出选用仪表的种类,并说明对每类仪表在信号方式、防护等级、防腐防爆要求等方面的通用要求;明确控制系统的设计原则、主要功能、供电方式及基本配置;根据生产装置、辅助生产设施的配置情况及控制系统的规模,明确控制室的位置选择、布置和面积等要求;明确控制系统的安全保障措施、各防护目标的区域及位置、安全技术防范系统的组成及选择、安全技术方案系统监控中心的设置;明确火气系统的选择、组成和自动报警联动方案,并设计火气系统探测器的布置;明确通信系统的组成(如通信方式)及各部分(如电话站)的主要功能,并对各部分进行方案设计;明确信息网络系统所支持的应用系统(办公、管理、生产过程自动控制、业务应用、信息服务等)及接口、信息网络的组网方案、企业内部信息网络与外部网络的连接及安全措施。

④ 采暖通风

采暖通风部分的设计内容包括:明确需要采暖、通风的功能间,选定各功能间的采暖、通风要求及设计参数,根据计算结果选取合理的采暖、通风实现方式;若地热流体含有有毒有害、易燃易爆等危险气体,则需根据有关劳动安全、职业卫生、环境保护等规范要求制定通风方案;基于以上结果进行方案设计。

⑤ 消防和给排水

消防和给排水部分的设计内容包括给水部分、排水部分和消防部分。给排水方案应明确站内生产和生活的用水量、水压,水的来源,接管处的水压和管径,站内给水系统形式及给水设备情况,生产、生活的排水量及污水水质情况,站内排水系统的形式、排水出路及排水设施,站内雨水量及排除方式;消防方案应明确站内消防对象的耐火等级、建筑类别,设计室内消防用水量、室外消防用水量,市政管线供水量及水压,消防系统的形式,消防水池的容积,消防泵的参数,灭火器的配置等情况。

(7) 投资估算

地热供暖项目的总投资包括建设投资、建设期利息和铺底流动资金。建设投资一般包括地面工程费用、预备费、地热井投资及其他费用,其中地面工程费用包括工艺部分、建筑结构部分、供配电部分、自控部分、通信部分、采暖通风部分、消防和给排水部分等的费用。此外,需明确资金筹措方式,说明项目权益资本和债务资本的主要来源。流动资金是指拟建项目投产后为维持正常生产,准备用于支付生产费用等方面的周转资金,铺底流动资金是指按规定应列入建设工程项目总投资的流动资金。

(8) 财务评价

财务评价是项目决策的重要依据,很多企业要求在方案设计时同步进行初步的财务评价。财务评价应首先明确项目评价年限、基准收益率、所得税税率、借款利率等财务评价的基础数据;根据协议或合同签订的价格、项目的服务规模和工作量,逐年计算项目的销售收入和税费,地热供暖项目涉及的税费主要有增值税、城市维护建设税和教育费附加等;计算生产成本费用(总成本费用),主要包括原材料、燃料、动力、人员工资及福利、维修、折旧、摊销、地热资源取用、财务、管理、销售等费用;对项目内部收益率、项目财务净现值、项目投资回收期、资本金内部收益率、资本金财务净现值、资本金投资回收期等指标进行评价分析,并分析项目可能存在的不确定的变化因素及其对项目投资效益的影响程度,为项目决策提供参考;分析并确定项目的盈亏平衡点,判断项目对各不确定因素的承受能力,为科学决策项目提供依据。

(9) 风险分析

针对项目特点识别风险因素,层层剖析,找出深层次的风险因素。地热供暖项目可以从市场、资源、技术、财务、管理、政策等方面进行分析,识别项目的风险,采用定性或定量分析方法估计风险程度,并有针对性地提出切实、可行的防范和控制风险的对策或建议。

2.3　地热供暖系统成套设备

2.3.1　换热器

换热器是一种将热流体的部分热量传递给冷流体的设备,又称热交换器。适用于不同介质、不同温度、不同压力等不同工况的换热器,其结构形式也不同。对于地热供暖系统,由于地热水的温度通常处于中低温范围,换热器中冷、热流体的温差相对较小,系统压力等级相对较低,换热站内空间有限,因此适宜选择结构紧凑、传热性能好、流体阻力小的换热器。此外,地热水通常具有腐蚀性和结垢性,且有一定的含砂量,因此换热器要具备耐腐蚀性和可拆装性。目前,地热供暖系统多采用板式换热器的结构形式。

板式换热器是以冲压金属波纹薄板为传热元件的可拆卸换热器,由多个薄板按一定间隔组装而成,四周通过密封垫片进行密封,便于拆卸、维护和增减。板片和垫片的四个角孔形成流体的分配管和汇集管,同时又合理地将冷、热流体分开,使其分别在每块板片两侧的流道中流动,通过板片进行热交换。由于板片波纹表面的特殊作用,流体沿着狭窄、弯曲的通道流动,其速度的大小和方向不断地改变。流体在较低的流速下可以产生湍流,加速边界层破坏,有效提高传热能力,并且不易结垢。板式换热器的结构如图2-11所示。

图 2 - 11 板式换热器结构示意图

板式换热器是液-液、液-气进行热交换的理想设备,具有传热效率高、热损失小、结构紧凑和轻巧、占地面积小、应用广泛、使用寿命长等特点。在相同压力损失的情况下,其传热系数比管式换热器的高 3~5 倍,其占地面积为管式换热器的三分之一,热回收率可高达 90% 以上。

在板型选择方面,应根据热交换场合的实际需要而定。地热供暖系统中板式换热器两侧的流量较大、允许压降较小,一般选用流体阻力小的板型。确定板型时不宜选择单板面积太小的板片,以免造成板片数量过多、板间流速过小、传热系数过低,对较大的板式换热器更应注意此问题。

在流程和流道选择方面,流程组合形式应根据传热性能和流体阻力计算,在满足工艺要求下确定,尽量使冷、热流体流道内的对流传热系数相等或接近,从而得到最佳的传热效果。

在压降校核方面,在进行板式换热器的设计选型时,一般对压降有一定的要求,因此应对其进行校核。如果校核压降超过允许压降,那么需重新进行设计选型计算,直到满足工艺要求为止。

在材料选择及选型方面,应根据地热水的温度和水质情况选材及选型。表 2 - 1

给出几种不锈钢在非氧化性、含氯水溶液中的适用条件。一般情况下,当介质中氯离子(Cl^-)浓度小于200 mg/L 时,可选用316型不锈钢;当 Cl^- 浓度大于或等于200 mg/L 时,宜选用高级不锈钢、钛或钛合金。

表2-1　几种不锈钢在非氧化性、含氯水溶液中的适用条件

材料类型	在下列板片壁温下,适用的介质中 Cl^- 最高含量/(mg/L)			
	25℃	50℃	70℃	100℃
304/304L	100	75	40	<20
316/316L	400	180	120	50
904L	1 000	500	250	130
254 SMO	5 000	1 800	750	400

板式换热器的密封垫片材料首选三元乙丙(ethylene propylene diene monomer, EPDM)橡胶,采用免黏接固定方式;板式换热器应采用单侧接管,各进、出口处安装泄水口并加装泄水阀门;板式换热器一、二次侧主管供、回水之间应设计旁通,以便试运行时采暖循环水不经过板式换热器;板式换热器进口处应设置过滤器。

2.3.2　热泵机组

若地热供暖系统仅采用间接直供的方式,则板式换热器一次侧出口的地热水通常有较高的温度,可以利用热泵进一步回收热量,以增强供暖能力。热泵用于地热尾水热量回收的工作原理如图2-12所示。一级板式换热器流出的地热水进入二级板式换热器,加热换热器另一侧的中间循环水,中间循环水在热泵机组蒸发器内与低温低压的液态制冷剂换热,通过这种间接换热的方式来避免地热水对热泵机组蒸发器造成的腐蚀和结垢。制冷剂在蒸发器内受热蒸发,被压缩机吸入并压缩、升温为高温高压蒸气。由压缩机排出的高温高压制冷剂蒸气流入冷凝器,向流入冷凝器的采暖循环水释放潜热,达到加热系统二次侧循环水的目的。放热冷凝后的液态制冷剂流过节流装置,经降压后回到蒸发器中,继续吸收中间循环水的热量而蒸发。如此往复,完成制热循环。

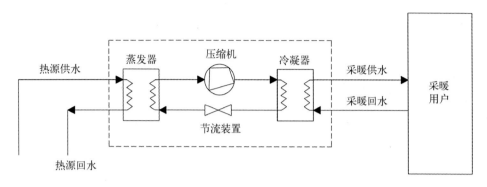

图 2-12　热泵工作原理示意图

　　热泵的性能一般用热泵机组能效比(coefficient of performance，COP，又称性能系数)来评价,定义为热泵机组向高温热源释放的热量与所需的能耗之比。通常利用地热尾水的热泵机组能效比为 4~5,也就是说,热泵仅仅利用 1 份高品位能量(电能),就能够获取 4~5 份高温热能。

　　在地热供暖系统中,进行热泵机组选型时可按下式计算热泵制热量 Q_h 和电功率 N_h:

$$Q_h = Q_2 \frac{COP}{COP - 1} \tag{2-13}$$

$$N_h = Q_2 \frac{1}{COP - 1} \tag{2-14}$$

式中, Q_2 为二级板式换热器换热量,kW; COP 为热泵机组能效比。

　　热泵机组应根据工艺要求进行选型,并根据容量大小综合考虑全年运行效率进行择优选择,优先选择高性能热泵机组;对于有腐蚀性的地热流体,宜采用换热器将热泵机组与地热流体隔开的工艺流程,或者选用耐腐蚀材料制造的热泵机组换热设备;热泵机组应设置低温热源进水温度的自动控制装置。

2.3.3　潜水泵

　　潜水泵由泵体、扬水管、泵座、耐热潜水电机、耐热电缆和启动保护装置组成,是一种泵和电机合二为一的输送液体的设备。在开启潜水泵前,吸入管和泵内充

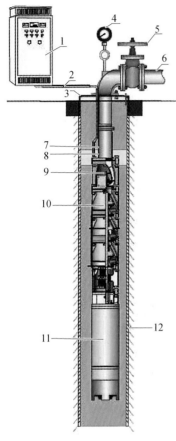

1—电控柜;2—电缆;3—泵座、弯头;
4—压力表;5—闸阀;6—出水管;
7—扬水管;8—电缆卡;9—水泵短管;
10—泵体;11—电机;12—井管

图 2-13 潜水泵结构和
安装示意图

满洁净液体。在电机启动后,叶轮高速旋转,泵中地热水随着叶片一起旋转,并在离心力的作用下飞离叶轮而向外射出,射出的地热水在泵壳扩散室内的速度变小、压力增加,经由泵出口从排出管流出。叶片中心处由于地热水被甩向周围而形成既无空气又无液体的真空低压区,井内地热水在液面大气压的作用下经吸入管流入潜水泵。地热水被连续不断地抽吸至地面,从而流出地热井。潜水泵结构和安装示意图如图 2-13 所示。

地热井采用井用耐热潜水泵作为主要提水设备,影响其选型的因素主要有地热水的水质、水量、水温、动水位、静水位、井口出水压力等。潜水泵的参数和材质需要根据地热井实际情况确定,扬程可按照式(2-15)进行估算,待钻井钻成后根据实际情况进行调整。

$$H = H_1 + H_2 + \frac{v^2}{2g} + h_1 \qquad (2-15)$$

式中,H 为潜水泵的扬程,m;H_1 为动水位液面到泵座出口测压点的垂直距离,m;H_2 为系统所需的扬程,m;v 为流体速度,m/s;g 为重力加速度,m/s^2,取 9.8 m/s^2;h_1 为井内泵管的沿程阻力损失,m。

2.3.4　除砂器

地热水由潜水泵从地下泵送至地面,难免携带地层中的砂粒,因此进入换热站的地热水需要首先进行除砂。除砂器通常分为填料除砂器、滤网除砂器和旋流除砂器三类。填料除砂器需要定期反洗后排污,不能在运行中持续使用;滤网除砂器内置不锈钢滤网,停用后容易造成锈蚀损坏;旋流除砂器的结构相对简单、成本低、处理量大、占地面积小,无动力,易于安装和操作,免维护运行。因此,地热水除砂器通常采用旋流除砂器。

　　旋流除砂器是一种高效、节能的分离设备,利用离心分离的原理进行除砂。由于进水管安装在筒体的偏心位置,因而在地热水通过旋流除砂器的进水管后,首先沿筒体周围的切线方向形成斜向下的周围流体,水流旋转着向下推移,当水流到达筒体某部位时,转而沿筒体轴心向上旋转,最后经出水管排出。杂物在流体惯性离心力和自身重力的作用下,沿筒体壁面落入设备下部的锥形渣斗中。筒体下部设有构件,可防止杂物向上泛起,当积累在渣斗中的杂物达到一定数量时,只要开启手动蝶阀,杂物即可在水流作用下流出。旋流除砂器的结构如图 2 - 14 所示。

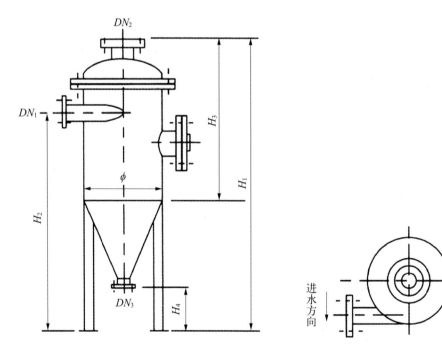

图 2 - 14　旋流除砂器结构示意图

　　当地热水含砂的容积比大于 0.05‰时,应设置除砂器,除砂器宜置于换热站内。除砂器应满足能耗低、排砂方便、流体温度降低少、地热流体不与空气接触等要求。旋流除砂器选型不宜过大,应该与设计地热水流量匹配,否则会影响除砂效果。

2.3.5　循环泵

循环泵负责维持整个采暖循环水系统的热水流动,克服沿程阻力和局部阻力,多为离心式水泵(简称离心泵)。离心泵的主要过流部件是吸水室、叶轮和压水室。吸水室位于叶轮的进水口前,起到把液体引向叶轮的作用;叶轮是离心泵最重要的工作元件,是过流部件的"心脏",由盖板和中间的叶片组成;压水室主要有螺旋形压水室(蜗壳)、导叶和空间导叶三种形式。离心泵工作前将泵内充满液体,然后启动离心泵,叶轮快速转动,叶轮的叶片驱使液体转动,液体转动时依靠惯性向叶轮外缘流动,同时叶轮从吸水室吸入液体。在这一过程中,叶轮中的液体绕流叶片。在绕流运动中,液体以一个升力作用于叶片,反过来叶片以一个与此升力大小相等、方向相反的力作用于液体,这个力对液体做功,使液体得到能量而流出叶轮,这时液体的动能和静压能均增大。采暖循环水泵设计流量按下式计算:

$$G = 1.1 \times \frac{3.6Q}{c(T_1 - T_2)} \tag{2-16}$$

式中,Q 为设计热负荷,kW;c 为水的比热容,kJ/(kg·℃);T_1 为板式换热器二次侧管网的供水温度,℃;T_2 为板式换热器二次侧管网的回水温度,℃;常数 1.1 为安全系数。

循环泵通常设置变频,根据末端最不利用户的二次侧管网供、回水压差变频调节系统循环水量,以达到节能的目的。此外,为保证循环系统安全、正常运行,循环泵需设置备用泵。

2.3.6　回灌设备

完整的回灌设备包括排气罐、初效过滤器、精密过滤器、加药泵、药液罐和回灌加压泵,图 2-15 显示的是排气和过滤流程,图 2-16 显示的是加药流程。

排气罐,用于排出地热尾水中的气体,防止气体阻堵而影响回灌效果;初效过滤器,采用不锈钢过滤网进行过滤,具备自动反洗功能,过滤杂质粒径达到 50 μm;精密过滤器,采用折叠滤芯进行过滤,过滤杂质粒径达到 3 μm;加药泵,用于向地热尾水中添加抑制剂,防止产生沉淀而堵塞回灌井;药液罐,用于存储添加到地热尾水中的抑制剂;回灌加压泵,用于给地热尾水加压,保证由生产井采出的地热水完全回灌至回灌井。

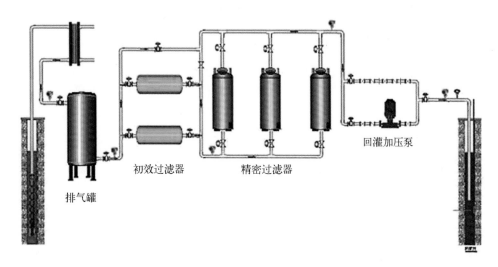

图 2‑15　地热尾水处理和回灌设备

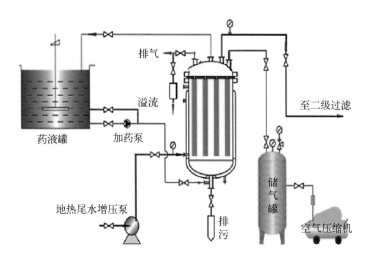

图 2‑16　地热尾水一级过滤及加药流程示意图

通常,回灌难易程度强烈依赖于地质条件,具体的回灌设备组合需针对性地进行设计。回灌可采用自然回灌或加压回灌等方式,在自然回灌不能满足采储平衡的情况下进行加压回灌,此时需配置回灌加压泵。在水质净化过滤装置方面,对于裂隙型热储层(如基岩),采用一级自清洗过滤器,过滤精度应达到 50 μm;对于孔隙型热储层(如砂岩),采用两级过滤,一级粗过滤采用自清洗过滤器,过滤精度应达到 50 μm,二级精密过滤的过滤精度应达到 3 μm。

2.4　地热供暖技术应用及案例

2.4.1　冰岛模式

（1）冰岛地热资源特征

从地质角度看,冰岛是一个年轻的国家,横跨北美洲板块和欧亚大陆板块的边界——大西洋中脊,这两个板块正分别以每年大约 2 cm 的速度分离。正是由于这个原因,冰岛的地质构造过程快速且容易被观察到。冰岛平均每世纪出现 20~30 次火山喷发,每 1 000 年产生大约 45 km³ 火山岩。大西洋中脊大约有 400 km 露头,这使得观察到诸如火山作用及其相关特征等大量的构造活动成为可能。冰岛拥有大量的火山和温泉,地震频发。火山区域从西南延伸到东北,这范围内有超过 200 座火山,自 1 100 年前有人定居以来,至少 30 座火山喷发过。这些火山中分布着数量众多的地热系统,从成分上看囊括从淡水到盐水,从温度上看囊括从低温到超临界温度。在这些火山区域内,至少存在 20 个深度在 1 000 m 以内、温度达到 200℃的高温地热区域,深度在 1 000 m 以内、温度不超过 150℃的独立中低温地热区域大约有 250 个,它们大多数分布在活动火山区域的边缘,温泉区域(温度高于 20℃)的数量超过 600 个,如图 2-17 所示。

（2）冰岛地热供暖发展历程

与其他大部分地热国家不同,地热直接利用尤其是地热供暖在冰岛的地热能利用方面扮演着主要角色,开创者是居住在冰岛首都雷克雅未克附近的农民 Sudur-Reykir。1908 年,他利用管道从相距 500 余米的温泉中取水,并利用地热水为他的房子供热。1930 年,随着雷克雅未克 Laugardalur 温泉处 3 km 长的地热水管道的敷设,从此开始了大范围地热供暖。雷克雅未克集中供热(现在的雷克雅未克能源公司)正式运营始于 1946 年。接下来 20 世纪 70 年代,石油价格上涨,政府主动扩大集中供热规模,使地热能利用比例从 1970 年的 43%增加到了 2014 年的 90%,图 2-18 阐明了这一发展过程。在城镇中,大约有 30 个独立的地热集中供热系统在运行。此外,农村地区大约有 200个小系统,这些小系统为单独的农场或农场群以及夏日度假屋、温室大棚和其他用户提供热水。地热供暖使冰岛只需要进口很少的化石燃料,供热费用比其他国家的低很多。

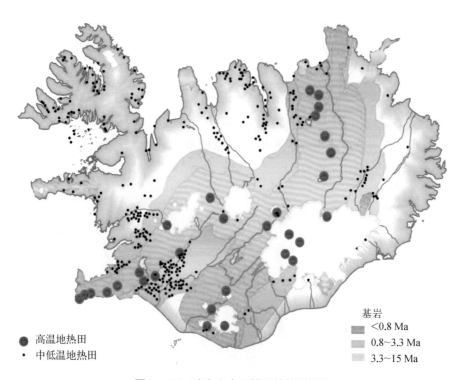

高温地热田

中低温地热田

基岩
<0.8 Ma
0.8~3.3 Ma
3.3~15 Ma

图 2-17 　冰岛火山区域和地热区域图

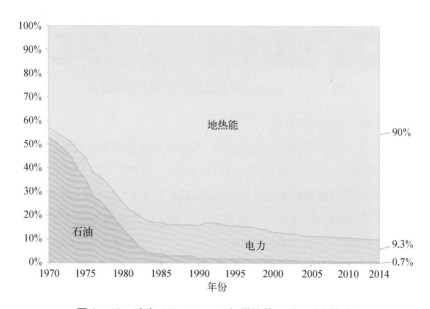

图 2-18 　冰岛 1970—2014 年供热能源利用比例分布

人口最为集中的雷克雅未克集中供热始于1930年,当时一些办公建筑和大约70座私人住宅接入了地热水,地热井靠近雷克雅未克老温泉。1943年,距离市区18 km的Reykir 地热田的热水输送工程启动。多年来,地热集中供热系统逐渐扩展到雷克雅未克的全部地区。现今,雷克雅未克能源公司开发了雷克雅未克市区内及其附近的低温地热区域,还开发了27 km外的 Nesjavellir(1990年)高温地热田和 Hellisheiði(2010年)高温地热田,用于生产电力和热水。图2-19展示了雷克雅未克及其周边地区地热能逐步接入社区的历史进程。

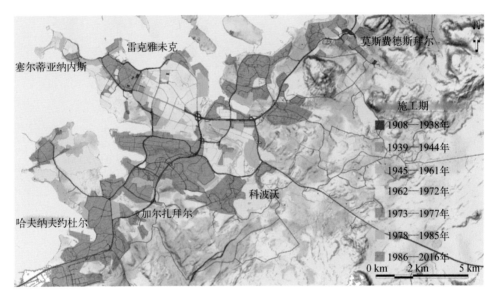

图2-19　雷克雅未克及其周边地区地热供暖进程

（3）冰岛地热供暖典型案例

在冰岛,几乎90%的房屋采用地热供暖,其余约10%采用电力供暖。冰岛首都雷克雅未克普及了地热供暖,采用地热区域供暖的模式,即90℃以上的高温地热水通过换热器换热后,以管网集输的形式给用户供暖,基本实现了"无烟城"的目标。为保证首都的地热区域供暖需求,共有5个地热田为其服务。该区域地热开采热储层均为裂隙玄武岩地层,钻井深度大多在1 000～2 000 m。市中心地区有 Laugarnes 地热田,温度为120～135℃,供水量为330 L/s。市西北和东南地区分别有 Seltjarnarnes 和Elliðaár 两个小型地热田,前者的水温为100～125℃,供水量为50 L/s,后者的水温为90～100℃,供水量为120 L/s。市东北郊区有 Reykir 地热田,水温为130℃,利用换热器产生 86℃ 的热水并以流量为 1 790 L/s 向首都送水。随着首都居民人数的增长和地热供暖技术的发展,人们于 1986 年在 Nesjavellir 高温地热田钻了 13 眼新井,发现了在 1 000~2 000 m 深的热储中有 300℃ 以上的高温气液两相流体,于是在此建起了热电厂,向首都输送经热交换加热的 100℃ 的热水,其主管线长 27.2 km,直径为 0.9 m,输水能力可达 1 870 L/s,输水流量为 600~800 L/s,总温降分别为 1.5℃ 和小于 1.0℃,成为向首都供热的强大补充热源。雷克雅未克地热区域供暖流程见图 2-20。

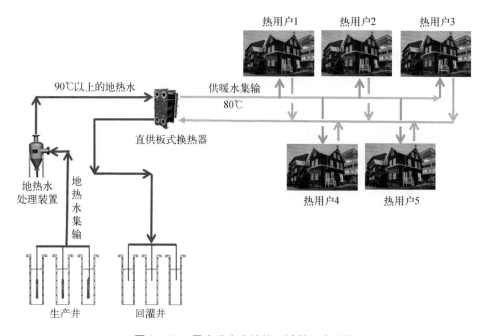

图 2-20 雷克雅未克地热区域供暖流程图

雷克雅未克在市区内山顶上建了 6 个容水量为 4 000 m³ 的大型储水罐,市郊区还有 6 个容水量为 9 000 m³ 的大型储水罐。近年将市区内山顶上的 6 个大型储水罐之间的空间建成一个底部呈圆柱形、顶部为穹顶的建筑,内设餐厅,种植热带植物,由上而下定时自动喷水汽以增加湿度。雷克雅未克市区内井群的地热水和 27 km 外的高温地热井水(有的是经过地热发电以后的热水)全部送到这些储水罐内,经调节后将稳定在 80℃ 的热水送至用户采暖系统,用户采暖系统均装有热水表和排水温控阀,将排水温度控制在 30~40℃。热网分为单管式和双管式,单管式中的采暖尾水不回灌,直接排入下水道,双管式将采暖尾水送回回灌站或输入供暖系统以调节供水温度。

此供暖方式的特点如下：① 设有调峰锅炉,热源稳定可靠;② 供水温度始终控制在 80℃,供热持续稳定;③ 用户采暖系统中均设有排水温控阀,从而降低排水温度,提高地热能的利用率;④ 大型储水罐除用于储存热水外还用于调节水温。室内采暖系统的特点如下:① 冰岛每户采暖系统装有热水表,按用热水量多少计费;② 用户采暖系统还都装有温度计、压力表、压力自动调节阀、排水自动控制阀、止回阀等;③ 室内管道全部采用保温管并敷设在轻型木制的墙壁内;④ 供、回水管全部采用地下入户;⑤ 热水输送压力较高,室内管道较细;⑥ 城市采用地热间接供暖系统,水质较好,管道、仪表等不易损坏;⑦ 室内采暖系统全部采用双管系统。

2.4.2 雄县模式

（1）雄县地热资源特征

雄县位于中朝准地台(I 级)华北盆地(II 级)冀中坳陷(III 级)内牛驼镇凸起(IV 级)的西南部。其热储类型主要为上第三系明化镇组砂岩孔隙型热储和蓟县系雾迷山组基岩岩溶裂隙型热储。其地温梯度最高可达 12.61℃/100 m,热储的渗透性良好、出水能力强。图 2-21 展示的是蓟县系雾迷山组基岩岩溶裂隙型热储层,雄县全区均有分布,以白云质灰岩、白云岩、灰岩为主,顶板埋深为 700~4 000 m,残存厚度在 2 000 m 左右,经多期次构造运动,裂隙错综复杂,溶洞溶隙发育,为主要热储层。

雄县地热资源具有五个突出特点:① 面积广,基岩热储面积为 320 km²,占牛驼镇地热田总面积的 50%;② 储量大,地热水储量达 8.217 8×10¹⁰ m³,相当于 6.63×10⁶ t 标准煤;③ 埋藏浅,热储埋深为 500~1200 m,便于开发利用;④ 温度高,出水温度为 55~86℃;⑤ 水质优,地热水一般为碳酸钠型热水,矿化度一般为 0.5~2 g/L。

（2）雄县地热供暖发展历程

雄县是我国开展地热供暖较早的城市之一。在地热供暖项目中,其热储埋藏较浅,地热水温度适中,岩溶裂隙型热储开发代表了我国华北地区蓟县系雾迷山组地热资源开发类型。

自 2008 年开始,中国石化集团新星石油有限责任公司代表中国石油化工集团有限公司在雄县投资发展地热产业。2009 年 8 月,雄县人民政府与该公司基于保护性开发资源、生态文明建设、绿色低碳经济发展等理念上的共识,签订了地热资源开发战略合作协议。2013 年 8 月,雄县地热供暖清洁发展机制(Clean Development

Mechanism, CDM）项目在联合国成功注册,打造了地热供暖的 CDM 方法学。2014
年 2 月,国家能源局在雄县召开了全国地热能开发利用现场交流暨地热能利用工作
会议,推广"雄县模式"。在此基础上,国家能源局充分吸收"雄县模式"的开发经验,
参与编制并于 2017 年印发了我国第一份地热发展五年规划——《地热能开发利用
"十三五"规划》。雄县地热供暖项目的开展,成功助力建设了我国第一座中深层地热
供暖"无烟城",打造了中深层地热开发的"雄县模式",得到了国家能源局、各级政府
及社会各界的广泛认可,已成为我国地热供暖项目现场学习的示范基地,是我国地热
资源开发利用在世界地热界最大的亮点。

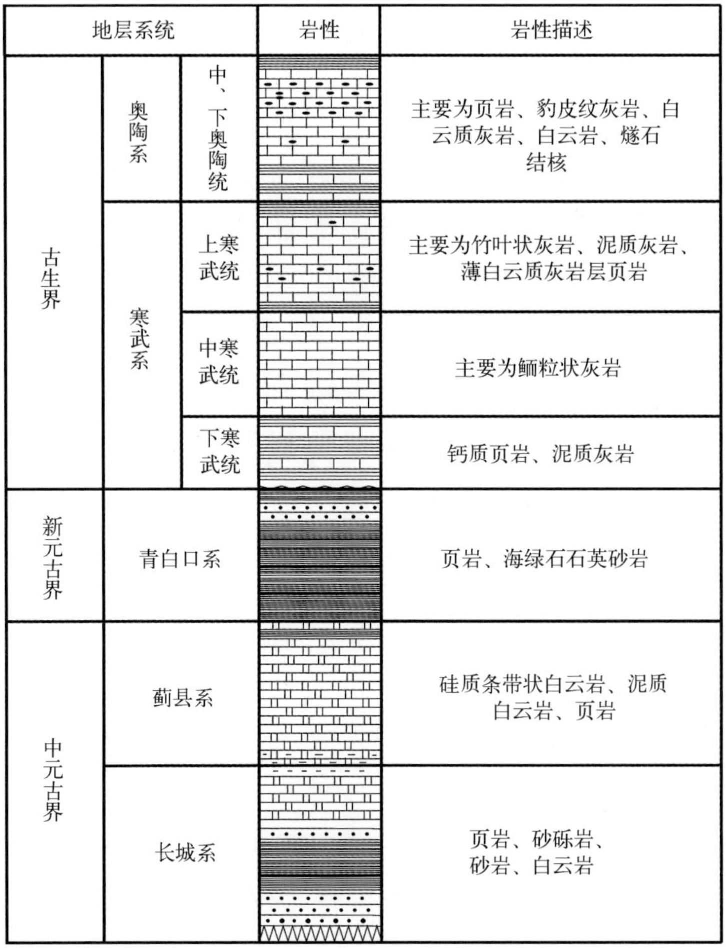

地层系统			岩性	岩性描述
古生界	奥陶系	中、下奥陶统		主要为页岩、豹皮纹灰岩、白云质灰岩、白云岩、燧石结核
	寒武系	上寒武统		主要为竹叶状灰岩、泥质灰岩、薄白云质灰岩层页岩
		中寒武统		主要为鲕粒状灰岩
		下寒武统		钙质页岩、泥质灰岩
新元古界	青白口系			页岩、海绿石石英砂岩
中元古界	蓟县系			硅质条带状白云岩、泥质白云岩、页岩
	长城系			页岩、砂砾岩、砂岩、白云岩

图 2-21　蓟县系雾迷山组基岩岩溶裂隙型热储层

截至 2019 年年底,雄县共建成了地热供暖面积 5.3×10^6 m^2,不仅承担了雄县整个县城的冬季集中供暖,还对沙辛庄村等近 20 个城中村及自然村进行了供暖,形成了享誉中外的经济性开发利用地热能的"雄县模式"。雄县地热供暖项目基本实现了 CO_2、SO_2、粉尘"零排放",为推动雄县城市建设、经济发展发挥了积极作用;在取得良好的社会效益的同时,也实现了产业良性发展,为下一步建设"美丽雄安"储备了技术、提供了经验。

雄县地热供暖项目产生了显著的经济效益。该项目形成的岩溶热储地热资源评价、开发配套工艺、集中尾水回灌、智能高效利用等技术被推广利用到津、冀、鲁、豫、晋等五省、市的碳酸盐岩岩溶热储项目中,降低了勘探风险和成本,节省了施工消耗,减少了单位能耗与用工成本。此外,与燃煤供暖相比,雄县每户家庭年节约供暖支出 700 余元,共计年约 2 000 多万元。

(3)雄县地热供暖典型案例

人才家园地热供暖项目于 2013 年建成运行,供暖面积为 3.23×10^5 m^2。项目地热井位于雄县,构造位置在牛驼镇凸起的南端;地温梯度为 4.39 ~ 7.22℃/100 m,平均值为 5.1℃/100 m;主要开发的热储是蓟县系雾迷山组热储,是岩溶裂隙型热储,主要为灰质白云岩。本项目钻凿 5 口地热井(三采二灌),见表 2 - 2。

表 2 - 2　人才家园地热供暖项目地热井参数

井　　名	水温/℃	水量/(m³/h)	取水段/m
包装城 2 井	68	115	854 ~ 1 580
包装城 3 井	72	120	994 ~ 1 069
包装城 4 井	67	124	913 ~ 1 752
包装城 5 井	65	113	1 005 ~ 1 810
包装城 6 井	68	123	960 ~ 1 823

本项目采用"间接换热,梯级利用"的技术路线,以地下热水作为媒介把地下热能开采至地面。采水井出来的地热水(64℃)经过一级板式换热器换热降温到 51℃,而后经过二级板式换热器进一步换热降温到 37℃左右,再回灌至原储层。采暖循环水经板式换热器提取地热水的热量后供给采暖用户。地板辐射采暖供、回水温度分别

为 45℃、35℃,散热器采暖供、回水温度分别为 55℃、45℃。地热站供暖流程如图 2-22 所示,地热站内景见图 2-23。

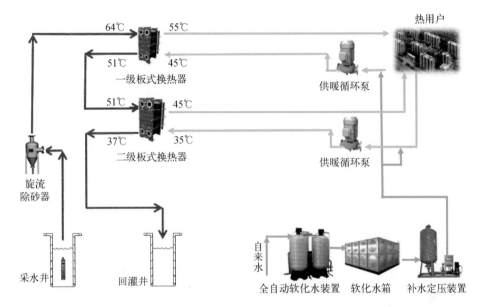

图 2-22　人才家园地热站供暖流程图

图 2-23　人才家园地热站内景图

本项目的总设计采暖负荷为 14 714 kW,主要供热设备见表 2-3。

由于地热供暖项目利用的是地热水,省去了先用化石能源把水加热再供暖的过程,不但对当地环境没有影响,也没有异地污染。地热能利用本身不排放二氧化碳、二氧化硫、氮氧化物和粉尘,只有供暖循环泵运转会消耗少量电力。在主要的清洁供暖方式中,地热供暖最有利于减霾减碳。从 2013 年至今,本项目共减排 25 274.9 t 二氧化碳、62.2 t 二氧化硫、73.9 t 氮氧化物和 13.9 t 粉尘。

表 2-3　人才家园地热站主要供热设备表

名　　称	数　　量	备　　注
高区换热器	2 台	
中区换热器	2 台	
低区(东)换热器	2 台	
低区(西)换热器	2 台	
内区换热器	2 台	
高区循环泵	3 台	二用一备
中区循环泵	3 台	二用一备
低区(东)循环泵	3 台	二用一备
低区(西)循环泵	3 台	二用一备
内区循环泵	3 台	二用一备
高区补水定压装置	1 套	
中区补水定压装置	1 套	
低区(东)补水定压装置	1 套	
低区(西)补水定压装置	1 套	
内区补水定压装置	1 套	
地热水除砂器	5 台	
地热水回灌分水器	1 台	
生活热水水箱	1 座	
高区变频调速恒压供水机组	3 台	二用一备
中区变频调速恒压供水机组	3 台	二用一备
低区变频调速恒压供水机组	3 台	二用一备
地热水自动排气装置	3 套	

本项目采用建设-拥有-经营(building-owning-operation，BOO)的经营方式,企业采取"自主投资、自主运营、自负盈亏"的方式为项目提供服务。本项目的建设范围不仅包括终端供热站的建设,还包括热源系统、输配系统的建设。企业投资地热供暖项目,通过收取基础设施配套费,用于集中供热投资的部分补偿,再通过收取供暖费逐年实现投资收回,用于维持项目运行和获取利润。在这种经营方式下,企业更加看重长期经营效益,对工程质量和供暖服务尤为重视,居民长期取暖效果会有所保障。

2.4.3　天津模式

(1) 天津地热资源特征

天津市的地热资源属于典型的沉积盆地型中低温地热,普遍分布在宁河—宝坻断裂以南的平原地区,按其赋存地质条件和储层特征划分为孔隙型热储层(包括新生界新近系明化镇组热储层、馆陶组热储层和古近系东营组热储层)和岩溶裂隙型热储层(包括古生界奥陶系热储层、寒武系昌平组热储层和中元古界蓟县系雾迷山组热储层),如图 2-24 所示。全市地热资源分布面积达 8 700 多平方千米,盖层平均地温梯度大于 3.5℃/100 m 的地区有 2 300 多平方千米,主要分布在中心城区、滨海新区、东丽区、津南区、西青区、北辰区、武清区西南部、宝坻区、静海区和宁河区等区域。

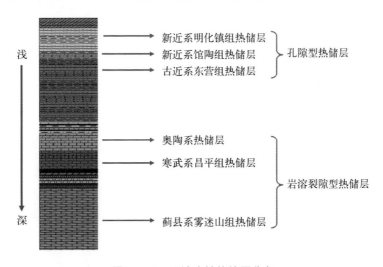

图 2-24　天津市地热储层分布

天津市属华北地层大区冀鲁豫地层区的华北平原分区,通过钻探揭露的地层有新生界第四系、新近系、古近系,中生界白垩系、侏罗系,古生界二叠系、石炭系、奥陶系、寒武系,中—新元古界等。天津地热田东北部为王草庄凸起,埋深最深可达约 2 500 m;其西南部,天津断裂西部为大城凸起,埋深最深可达 4 000 m,天津断裂东部至沧东断裂,分别为潘庄凸起、双窑凸起、白塘口凹陷、小韩庄凸起,凹陷区最深可达 3 500 m,呈现"一隆两坳"的构造特征。

沧县隆起的热流值较周围地区要高,当地壳深部均一的热流向上传导时,受浅部凹凸相间的基岩构造使热流再分配的作用,热流由低热导率区向高热导率区集中,然后由高热导率区向低热导率区流动,这是形成坳陷区热流值低、地温低,隆起区热流值高、地温高的根本原因。天津地区大地热流值的统计结果一般为 50~90 mW/m²,最高可达 130 mW/m²,邻近宁河—宝坻断裂则低至 20 mW/m²。根据天津地区构造基岩埋深及盖层的地质特征,天津地区凸起型构造地区盖层地温梯度普遍大于 3.5 ℃/100 m,最高可达 8 ℃/100 m 及以上;低凸起型或浅凹陷型构造地区盖层平均地温梯度为 3~3.5 ℃/100 m。

天津地热田热水最重要的运移通道是断裂面。较大的断裂有三条,分别是宁河—宝坻断裂、沧东断裂、天津断裂。除此之外,还有海河断裂、白塘口西断裂、白塘口东断裂、增福台断裂等小断裂。热水沿着断裂面运移,在断裂交汇处形成分支,向不同方向流动。天津地热田热水的另一重要运移通道是不整合面。由中—新生界覆盖于元古界—古生界之上形成不整合,与此不整合相关的输导层是良好的导水通道。因此,天津地热田形成的概念模式是燕山山前为地下水补给区,大气降水沿着张家口—烟台断裂、沧东断裂、汉沽断裂、天津断裂,以及不整合面运移至天津地热田进行汇聚,地热水经与基岩岩石发生热传导作用而被加热形成具有勘探开发价值的天津地热田。

(2)天津地热供暖发展历程

在地热勘查方面,20 世纪 70 年代初,天津市开始大规模调查地热资源。著名地质学家李四光先生曾于 1970 年 10 月指出,"天津利用地下热水的前途很光明,值得大搞""在天津打开一个缺口,不仅是天津的大事,也是全国的大事"。从那时候开始,天津市开展了规模庞大的地热会战,组建了地质勘探队,开展了一系列地质勘探工作。在中央和市政府的支持下,在联合国开发计划署的援助下,截至 2016 年,天津市已经勘查评价并经矿产资源储量管理部门评审备案了 8 个地热田(王兰庄地热田、山岭子地热田、滨海新区地热田、武清区地热田、万家码头地热田、潘庄地热田、宁河—汉沽地热田和周良庄地热田),总共提交地热流体可开采量 7.606 6×10⁷ m³/a(25℃以上),其中新近系热储有 5.196 6×10⁷ m³/a,基岩热储有 2.41×10⁷ m³/a,可利用的热能量为 1.30×10^{16} J/a,折合 4.43×10^{5} t/a 标准煤。

在地热利用方面,1936 年 5 月,天津市第一眼地热井——老西开地热自流井(位于今和平区宝鸡道 2 号)开凿成功(图 2-25),该井井深为 836 m,出水温度为 34℃。天津市地热规模化利用始于 20 世纪 70 年代,现已形成以地热供暖为主,集温泉理疗、旅游度假、生活洗浴、种植养殖等多领域利用为一体的地热规模化利用系统。截至 2020 年年底,天津市登记在册的地热开采井有 343 眼,年开采量为 4.372×10^{7} m³,供暖面积约为 3.422×10^{7} m²,供暖规模居于全国前列,约占全国地热供暖总面积的 8%。

图 2-25　天津市第一眼地热井历史资料

地热资源在招商引资和产业发展中也发挥了积极作用,京津新城、团泊新城、东丽湖旅游区等地依托丰富的地热资源带动了经济发展。同时,也形成了服务天津市、面向全国的地热勘查、开发、施工及相关设备研发制造的专业队伍,建立了较为完善的地热产业。据统计,天津市利用地热资源每年可创造 6.9 亿元的直接经济效益和 3.9 亿元的间接经济效益,直接和间接解决从业人员约 5 000 人。2020 年,天津市地热资源开采总量为 4.372×10^{7} m³,相当于每年节约 3.2×10^{5} t 标准煤,同时每年还可减少二氧化碳排放量约 7.8×10^{5} t。

（3）天津地热供暖典型案例

造甲城镇温馨家园地热供暖项目于 2022 年开始供暖,供暖面积为 $1.851×10^5$ m²。
项目地热井位于天津市宁河区,构造上处于Ⅲ级构造单元沧县隆起之Ⅳ级构造单元
潘庄凸起的中部,西北以天津断裂为界,东北与岔口村—汉沽断裂相邻;潘庄凸起区
内地层缺失新生界新近系馆陶组、古近系和中生界,新生界下伏中生界至中—新元古
界;基岩顶板埋深为 1 200~1 900 m,其中盖层最大地温梯度达 6.9℃/100 m。本项目
钻凿 2 口地热井(一采一灌),见表 2-4。

表2-4   造甲城镇温馨家园地热供暖项目地热井参数

井 名	水温/℃	水量/(m³/h)	取水段/m
造甲城镇温馨家园 1 井	80	110	2 600~3 200

本项目采用"间接换热,梯级利用"的技术路线,以地下热水作为媒介把地下热能
开采至地面。采水井出来的地热水(80℃)经过一级板式换热器换热降温到 47℃,而
后经过二级板式换热器进一步换热降温到 23℃ 左右,再回灌至原储层。采暖循环水
经板式换热器提取地热水的热量后供给采暖用户。散热器采暖供、回水温度分别
为 60℃、45℃。地热站供暖流程见图 2-26,地热站内景见图 2-27。

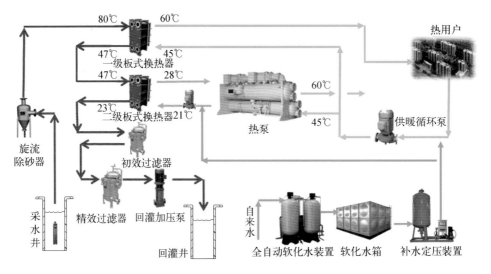

图2-26   造甲城镇温馨家园地热站供暖流程图

图 2‐27　造甲城镇温馨家园地热站内景图

本项目的总设计采暖负荷为 7 539 kW，主要供热设备见表 2‐5。

表 2‐5　造甲城镇温馨家园地热站主要供热设备

名　　称	数　　量	备　　注
热泵机组	2 台	两用
高区一级换热器	3 台	钛板
低区一级换热器	1 台	钛板
低区二级换热器	2 台	钛板
高区循环泵	2 台	一用一备
低区循环泵	3 台	两用一备
热泵循环泵	3 台	两用一备
潜水泵	2 台	一用一备
回灌加压泵	2 台	一用一备
旋流除砂器	1 台	

续表

名　　　称	数　　量	备　　注
初效过滤器	1 台	
精效过滤器	1 台	
高区补水定压装置	1 套	
低区补水定压装置	1 套	
单阀双罐软化水装置	1 套	
镀锌钢板软化水箱	1 套	
高区卧式角通除污器	1 台	
低区卧式角通除污器	1 台	

　　本项目实施后每年可节省 1 979.85 t 标准煤,每年可减排 3 467.75 t 二氧化碳、48.31 t 二氧化硫、11.38 t 氮氧化物。

参考文献

[1] 自然资源部中国地质调查局,国家能源局新能源和可再生能源司,中国科学院科技战略咨询研究院,等.中国地热能发展报告(2018)[R].北京:中国石化出版社,2018.

[2] 国家能源局.地热能直接利用项目可行性研究报告编制要求:NB/T 10098—2018[S].北京:中国石化出版社,2018.

[3] 国家市场监督管理总局,国家标准化管理委员会.综合能耗计算通则:GB/T 2589—2020[S].北京:中国标准出版社,2020.

[4] 中华人民共和国国家质量监督检验检疫总局,中国国家标准化管理委员会.地热资源地质勘查规范:GB/T 11615—2010[S].北京:中国标准出版社,2010.

[5] 中华人民共和国国家质量监督检验检疫总局,中国国家标准化管理委员会.用能单位能源计量器具配备和管理通则:GB 17167—2006[S].北京:中国标准出版社,2006.

[6] 中华人民共和国住房和城乡建设部.城镇地热供热工程技术规程:CJJ 138—2010[S].北京:中国建筑工业出版社,2010.

[7] 赵晓文,苏俊林.板式换热器的研究现状及进展[J].冶金能源,2011,30(1):52-55.

[8] 李冠球.板式换热器传热传质实验与理论研究[D].杭州:浙江大学,2012.

[9] 黄汉江.建筑经济大辞典[Z].上海：上海社会科学院出版社,1990.

[10] 国家发展和改革委员会,国家能源局,国土资源部.地热能开发利用"十三五"规划[R/OL].(2017 - 02 - 06)[2022 - 12 - 25]. https：//www. gov. cn/xinwen/2017 - 02/06/5165321/files/19f10bae3ba5463f833c954de2d06a8f.pdf.

[11] Ragnarsson Á. Geothermal development in Iceland 2010 - 2014[C]//World Geothermal Congress 2015, April 19 - 25, 2015, Melbourne, Australia. [S.l. ： s.n.], 2015：01077.

[12] Rubio-Maya C, Ambríz Díaz V M, Pastor Martínez E, et al. Cascade utilization of low and medium enthalpy geothermal resources — A review[J]. Renewable and Sustainable Energy Reviews, 2015, 52：689 - 716.

[13] 李波.天津地热资源可持续开发利用对策研究[D].天津：天津大学,2017.

第 3 章

地源热泵技术

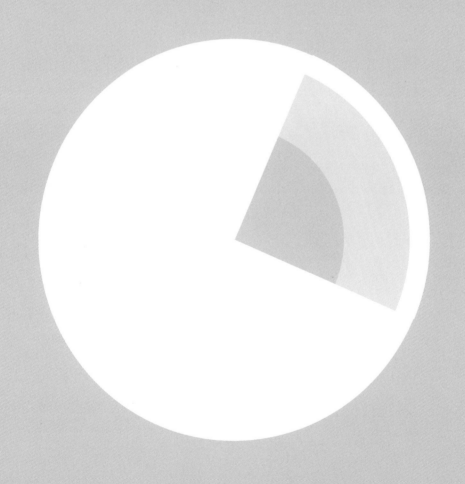

3.1 地源热泵技术原理及分类

3.1.1 地源热泵系统组成

在地球内部持续流出的热流和进入地下的太阳能的共同作用下,在地下 200 m 形成一个温度低于 25℃ 且较为稳定的地热储层(包含土壤、地下水、地表水等),即浅层地热能。地源热泵系统是以浅层地热能为低温热源,采用热泵技术进行供热、空调制冷、加热生活用水的系统。地源热泵系统通过输入少量的高品位能源(如电能),实现热能从低温位向高温位转移。浅层地热能可以作为冬季供暖热泵的热源和夏季制冷空调的冷源,即在冬季,把浅层地热能中的热量取出来,提高温度后供给室内采暖,而在夏季,把室内的热量取出来,释放到地下。

就使用场合来说,地源热泵系统可以应用在各类建筑中,如住宅、学校、工厂、办公楼等。其应用目的可以根据用户需求和系统类型进行组合,除了常规的供暖,供暖与供热水,供暖与空调制冷,供暖、空调制冷与供热水等用途,还可以用于道路除冰和体育场草坪加热、干燥等。

总的来说,地源热泵系统包含浅层地热换热系统(室外环路)、热泵机组(制冷剂环路)和负荷侧系统(室内环路)三个部分。其中,浅层地热换热系统主要包括地埋管换热系统、地下水换热系统、地表水换热系统,具体环路及其布置方法依据资源条件、地源热泵的类型而定;热泵机组主要包括压缩机、冷凝器、膨胀阀和蒸发器四大部件;负荷侧系统主要是指与室内空气处理设备或生活热水设备相连接的环路。

冬季时,热泵机组内的制冷剂经过膨胀阀变成低温低压液体,通过蒸发器与浅层地热换热系统内的流体介质进行热交换,获取热量后变成低压气体,接着通过压缩机将低压制冷剂气体压缩为高温高压制冷剂气体,到达冷凝器后释放热量给负荷侧系统内的流体介质,形成高压制冷剂液体后再次进入膨胀阀进行降温降压,至此完成一次循环。夏季工况则是将房间内的热量经过三大环路释放到地下。需要注意的是,对于地源侧为开式循环的水源热泵系统,室外管路成为热泵机组的一部分,即地下水或地表水直接进入水源热泵系统的蒸发器或冷凝器来完成制冷或制热循环,如图 3-1 所示。

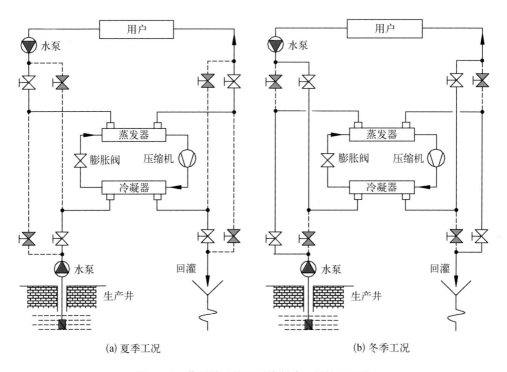

(a) 夏季工况   (b) 冬季工况

图 3-1　典型地源热泵系统制冷、制热原理图

3.1.2　地源热泵系统类型

根据取热来源的不同,地源热泵系统可以分为土壤源热泵系统、地下水源热泵系统和地表水源热泵系统。

(1) 土壤源热泵系统

土壤源热泵系统利用土壤作为热源或热汇,由一组埋于地下的高强度塑料管(地埋管换热器)与热泵机组构成,为闭式环路,故也称为闭环地源热泵系统或土壤耦合热泵系统。在夏季,水或防冻剂溶液通过管路进行循环,将室内热量释放给地下岩土层;在冬季,循环介质将岩土层的热量提取出来并释放给室内空气。这些管路依据制冷剂运行方向的不同,形成制冷和制热两大循环。根据土壤源侧地埋管换热器布管形式的不同,土壤源热泵系统可以进一步分为水平式地埋管系统和垂直式地埋管系统。

　　水平式地埋管换热器在水平沟内敷设,埋深为 1.2~3 m,每个沟内埋 1~6 根管子,管沟长度取决于土壤状态和埋管的数量、长度。水平式地埋管换热器按照埋管形式可分为水平管换热器和螺旋管换热器(埋管在水平沟内呈螺旋状敷设)。一般来说,水平式地埋管换热器的成本低且安装灵活,但占地面积大,因此一般适用于建筑周边面积充裕的场合。垂直式地埋管换热器的埋管有 U 形管、套管和螺旋管等。垂直埋深分为浅埋和深埋,浅埋埋深为 8~10 m,深埋埋深为 33~180 m,一般为100~120 m。与水平式地埋管换热器相比,垂直式地埋管换热器所需的管材较少,流动阻力损失较小,土壤温度不易受季节变化的影响,所需的占地面积也较小。因此,垂直式地埋管换热器一般适用于地表面积受限制的场合。以垂直 U 形管换热器为例,每个竖井内布置 1 根/对 U 形管,各 U 形管并联在环路集管上。常见土壤源热泵系统的原理如图 3-2 所示。

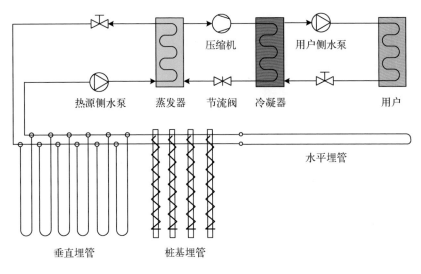

图 3-2　常见土壤源热泵系统原理图

　(2) 地下水源热泵系统

　　储存在地下的水体能够通过土壤间接地吸收太阳能辐射,可以认为水体和地表土壤组成一个巨大的太阳能集热器,构成一个能量动态平衡的系统,即地下水源热泵系统。地下水源热泵系统的低品位热源为地下水,冬季时从生产井提供的地下水中吸取热量,经水源热泵机组提高品位后向建筑物等用户供暖,取热后的地下水通过回灌井回到地下,同时可以蓄存一部分冷量。夏季时生产井与回灌井交换(推荐采用,但生产井和回灌井均应安装潜水泵），一则为了养井，二则为了利用冬季蓄存的冷量。地下水源热泵系统的原理如图3-3所示。

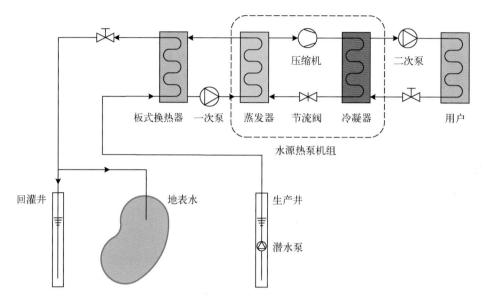

图3-3　地下水源热泵系统原理图

　　根据生产井与回灌井是否为同一口井，可对地下水源热泵系统进行分类，如图3-4所示。对于上述分类中的直流式地下水源热泵系统，使用后的地下水通过地面水体进行排放，在入渗补给不及时的地方会严重损害地下水资源，除在特殊水文地质条件下外，现在很少使用。异井回灌地下水源热泵系统及同井回灌地下水源热泵系统是目前比较常见的应用类型。异井回灌技术是地下水源热泵最早的利用形式，取水和回水在不同的井内进行，从一口井内抽取地下水，送至井口换热器，与热泵低温水换热，地下水释放热量后从其他的井内回到同一层的地下含水层中。若地下水水质好，则可直接进入热泵进行换热。在同井回灌地下水源热泵系统中，取水和回水在同一口井内进行，利用隔板把井分成两部分，一部分是低压取水区，另一部分是高压回水区。当潜水泵运行时，地下水被抽至井口换热器，与热泵低温水换热，地下水释放热量后从同一口井内回到回水区。

　　（3）地表水源热泵系统

　　地表水是指储存于陆地表面的各种水体，如河流、湖泊、沼泽、冰川等。河水、湖水、水库水、海水和城市污水都适宜作为地源热泵系统的冷热源。地表水作为地源热泵系统的冷热源，主要涉及水温和水质两方面问题。一般5~38℃的地表水能够满足地表水源热泵的运行要求,而最适宜的水温为 10~22℃。作为地表水源热泵系统冷热源的水体,应当水质良好、稳定,处理起来比较简单,否则可能造成系统工艺复杂化或投资增大。海水和城市污水的情况比较复杂,需要特殊对待。按照地表水换热利用方式,地表水源热泵系统分为开式系统和闭式系统,如图 3-5 所示。开式系统与地下水源热泵系统类似,从水体中抽水,送入水源热泵机组或板式换热器,换热后排到原水体中。闭式系统与土壤源热泵系统类似,将换热盘管放置在有一定深度的水体底部,通过盘管内的循环介质与水体进行换热。

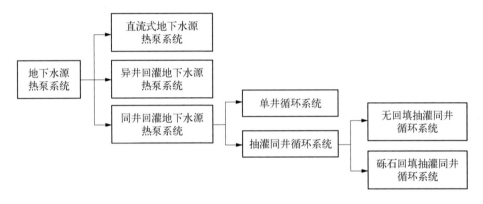

图 3-4 地下水源热泵系统分类

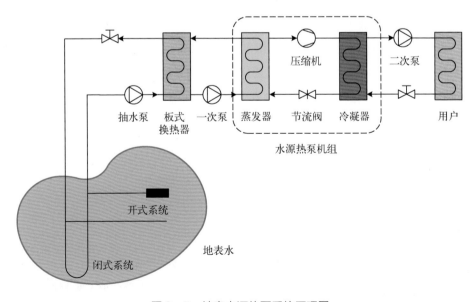

图 3-5 地表水源热泵系统原理图

3.1.3 地源热泵系统特点

地源热泵系统利用的浅层地热能主要来自太阳能辐射储存在大地中的热量及地球内部传到地表的热能。由于岩土本身的传热性能和具有较大的比热容,因而地球内岩土的温度场要比地球外表面空气的温度场稳定,并且随着地层深度的增加,其稳定性提高。进入21世纪之后,地源热泵系统的研究工作和工程实践有了很大的进展。与传统能源供能和空气源热泵技术相比,地源热泵系统主要具有如下优点。

(1) 高效节能

浅层地热能资源丰富、分布广泛、温度稳定,具有一定的可再生性、地域性和储存性。通常情况下,地层温度在冬季要比环境温度高,在夏季要比环境温度低,是进行冬季供暖和夏季制冷的优质冷热源。相对于传统空调系统,地源热泵系统的运行效率提升30%~40%,节能效果明显。

(2) 环境友好

地源热泵系统相比于化石能源或电锅炉供暖,减少二氧化碳等大气污染物的排放,有利于减缓温室效应等大气污染效应。同时,地源热泵系统减少传统空调系统对地面空气的热污染,有利于创造绿色、环保的环境。

(3) 运行费用低

设计安装良好的地源热泵系统,可以平均节约30%~40%的供热制冷空调的运行费用。特别是,地源热泵系统的运行工况要比传统空调系统好,因而减少维护;地源热泵系统安装在室内,不暴露在风雨中,可免遭损坏,更加可靠,使用寿命延长;地源热泵系统的使用寿命均在20年以上,如地埋管选用聚乙烯或聚丙烯塑料管,使用寿命可达50年。

三类地源热泵系统的优缺点如表3-1所示。

表3-1 三类地源热泵系统的优缺点

系 统 类 型		优 点	缺 点
土壤源热泵系统	水平式地埋管系统	施工相对简单,造价较低	占地面积大,受气候环境影响,运行费用较高
	垂直式地埋管系统	取热不取水,能效比较高,不受气候环境影响	占地面积较大,施工专业性强,钻孔造价高

续表

系　统　类　型		优　　点	缺　　点
地下水源热泵系统	双井系统	造价低,能效比高,运行费用低	受水文地质条件限制,回灌有一定难度,地下水资源开采受管控
	单井抽灌系统		水文地质条件要求高,地下水资源易受到污染
地表水源热泵系统	开式系统	造价低,施工简单	受地理位置、气候环境影响
	闭式系统		

目前的实验研究结果和实际使用现状反映出地源热泵系统存在一定的局限性,具体如下。

(1)地下换热器的换热性能受土壤温度影响较大,系统长期连续运行使热泵机组的冷凝温度或蒸发温度受热源温度变化而发生波动。例如,地表水的温度容易受到地面环境温度季节性变化的影响;而土壤源热泵易因吸热量和放热量的不匹配而产生冷热堆积,影响系统的换热性能。

(2)初始投资大,投资回收期较长。例如,地埋管换热器的投资占系统投资的20%~30%,且初始投资随着系统容量和热源深度的增加而进一步增大。

(3)施工复杂。例如,相比于一般的中央空调系统,土壤源热泵系统多出一个地埋管施工问题,在做地埋管施工时,要进行专业的地质勘查以确定钻井地区的地质条件,还要进行热响应测试以确定岩土的热物性参数,因此设计和施工周期较长。

(4)灵活性差。系统需要在热源附近铺设换热器,且施工通常要在住宅建筑建造初期或同期同步完成,例如桩基地埋管换热器需要在住宅建筑建地基阶段铺设完成,其后期维护、维修、扩建等过程都较为复杂,使用灵活性受到制约。

3.2　地源热泵系统设计

3.2.1　系统设计基础资料

对于地源热泵系统的设计,首先要准确掌握设计的原始资料,具体包含三个方面：一是针对项目所在地建筑的勘察资料；二是项目所在地的气象资料；三是对项目所采用技术方法的前期调研与实地测试资料等。

1. 实地勘察

不论是哪一类地源热泵系统，其换热器及系统的设计计算都需要对项目所在地进行前期现场勘查和水文地质调查，以便为设计方案的选择与决策提供依据，同时也为设计计算提供设计基础资料。

（1）现场勘查

现场勘查是设计环节的第一步，在进行地源热泵系统设计之前，应对现场情况、地质资料进行准确、翔实的勘查与调研，其中地质情况将决定使用何种钻孔、挖掘设备。一般来说，现场勘查范围应比拟定换热区边界大 100～200 m，主要勘查对象包括：① 场地条件，主要包括场地的面积、形状及坡度，建筑物的占地面积及分布，地下管线和地下构筑物的分布，以及松散土层在自然状态下和在负载状态下的密度、含水层所在位置及所在土层的岩石结构特点等；② 影响施工的因素和施工现场周边条件，主要包括土地的面积和形状、已有的及在建的建筑物和构筑物、是否有树木和高架设备、交通道路及其周边附属建筑等；③ 设计对象的基本情况，主要包括项目的地理位置，建筑物的高度、建筑面积和空调面积，围护结构的类型，建筑中房间的使用功能，当地的能源价格和用户发展规划等。将资料和数据进行整理并编制设计说明，为下一步的工作打下良好基础。

（2）水文地质调查

对项目所在地进行水文地质调查，是指掌握勘查区域内地下水的形成、赋存状况、运动特征及水质、水量变化规律，并进行测试、勘查和总结。注意以下几个方面：① 全面了解在施工现场进行钻孔、挖掘时应遵守的规章条例、允许水流量和允许用电量，以及附属建筑等其他约束因素；② 检查所有的勘查井测试记录和其他已有的施工现场周围水文地质记录，对地下条件进行评估，包括地下状况、地下水位、可能遇到的含水层和相邻井之间潜在的干扰等；③ 地下状况的调查方法和调查重点应当与所采用的地源热泵系统形式相匹配。例如，对于垂直 U 形管换热器，需要钻测试孔，进行岩土热物性分析；对于地下水源热泵系统，需要对勘查井开展抽水试验、回灌试验、水质分析等工作。通过水文地质调查可以充分了解和掌握以下资料：地层岩性、岩位，含水层的水源性质、埋藏深度、厚度和分布情况，含水层的富水性和渗透性，地下水水温及其分布，地下水水质，地下水补给、径流和排泄特性等。

综合来说,适用地下水源热泵系统的水文地质条件有:含水层具备一定的渗透性且渗透系数较大,厚度大,储水容积大,无异常地温梯度;含水层的上、下隔水层有良好的隔水性,隔水层的渗透系数小,以避免含水层之间短路而造成能量流失,形成良好的保温层;地下水抽取和回灌对地下水水质的影响向好的方向发展,不能引起不良的水文地质现象和工程地质现象,如地面沉降、土地沉陷后沙土盐碱化等。以上总结起来就是含水层必须具备"易抽水、易回灌、易储存"的条件。

2. 气象资料

对地源热泵系统进行设计,重要的气象参数主要是室外空气参数(温度、湿度),其他的气象参数包括太阳能辐射强度、风速、降水量等。一方面,气象参数影响建筑室外计算参数及室内空气计算参数的选择和确定,进而影响通过建筑围护结构的传热量。另一方面,气象参数的年均变化值会影响浅层地表水及浅层土壤的温度分布。因此,气象参数应当作为地源热泵系统设计的依据。

室外计算参数是系统负荷设计的基础,其数值大小直接影响系统的运行工况及运行成本。室外空气计算参数主要受到两方面的影响:围护结构的耗热量及室内新风负荷需求。室内空气计算参数的确定依据主要是房间的舒适性需求及综合考虑经济性、节能要求等因素。

根据现行国家标准 GB 50736—2012《民用建筑供暖通风与空气调节设计规范》和 GB 50019—2015《工业建筑供暖通风与空气调节设计规范》中的规定,确定夏季空调室外计算的干球温度和湿球温度及日平均温度、冬季空调室外计算温度和相对湿度。上述标准对夏季和冬季的室内计算温度、相对湿度及风速的合理范围也做出相应的规定。上述标准给出的数据是概括性的,对于具体的民用建筑而言,其设计参数应根据具体的房间使用功能进行调整,可进一步参照相关标准、规范及设计手册。

3. 负荷计算

地源热泵系统室外换热器的最大吸(放)热量是基于建筑的冷热负荷确定的,在系统设计时,至少需要建筑的冷热负荷作为基础资料。除此之外,还需要考虑建筑的新风负荷。根据所选的建筑类型、供能方式及供能要求,可以利用 DeST、鸿业、TRNSYS、EnergyPlus 等软件估算各类建筑的逐时冷热负荷、总送风量、冷热负荷指标等,以作为地源热泵系统设计的原始资料。

3.2.2　土壤源热泵系统设计

3.2.2.1　地质勘探与岩土热响应测试

1. 地质勘探

在进行土壤源热泵系统设计之前,应由具备勘察资质的专业技术单位对工程现场的地质条件、地下管线和地下构筑物等情况进行勘察,并出具勘察报告。地质勘探的基本要求如下:

① 勘察涉及区域不应小于埋管范围,勘察深度应至少比预计埋管深度大 5 m;

② 勘察中应进行工程场地的浅层地热能资源评价,提出合理的开发利用方案;

③ 工程勘察应对工程场地进行现场踏勘,勘察内容包括场地的位置坐标、规划面积、形状及坡度,场地内既有建筑和规划建筑的占地面积及分布,场地内树木、池塘、水井、排水沟以及已有的或计划修建的架空或埋地输电线、电信电缆等线路的分布,场地内地下管线和地下构筑物的分布及埋深;

④ 地质勘查应查明工程场地的地层岩性、地下水赋存状况(如水位、水温、径流特性等)、咸水层空间分布、恒温层深度、冻土层厚度等;

⑤ 如缺少工程场地的岩土地质资料和水文地质资料,可按照现行国家标准 GB 50021—2001《岩土工程勘察规范(2009 年版)》和 GB 50027—2001《供水水文地质勘察规范》执行。

2. 岩土热响应测试

对土壤源热泵系统而言,地埋管换热器的长度是设计的关键因素。研究表明,若地下岩土的导热系数存在 10% 的偏差,则可使地埋管换热器的长度偏差达到 4.5%～5.8%,可能导致初始投资增大及系统性能恶化,最终使得地埋管换热器丧失其经济性。关于热响应测试,根据 GB 50366—2005《地源热泵系统工程技术规范(2009 年版)》,当地埋管换热系统的应用建筑面积大于 5 000 m² 时,应进行岩土热响应测试。除国家标准外,各地方也出台了相应的标准来规范热响应测试,提高地埋管换热器的设计负荷与建筑负荷的匹配性。表 3 - 2 为 DB/T 29 - 178—2018《天津市地埋管地源热泵系统应用技术规程》对热响应测试工作量的规定。

表 3-2　不同地埋管工程类型的热响应测试工作量

测 试 工 作 量	地埋管工程类型		
	大型 （应用建筑面积为 50 000 m² 及以上）	中型 ［应用建筑面积为 10 000(含)~ 50 000 m²］	小型 ［应用建筑面积为 2 000(含)~ 10 000 m²］
测试孔个数(垂直埋管)	≥3	≥2	≥1
探槽个数(水平埋管)	3~4	2~3	1~2

（1）岩土热响应测试原理

利用岩土热响应测试获得岩土热物性参数的方法最早由 Mogensen 在 1983 年提出。岩土热响应测试的基本原理：在完成测试井填埋并待其恢复初始温度后，用连接管将热响应测试仪与地埋管换热器对接，利用水泵驱动使水在地埋管换热器和热响应测试仪之间循环流动，其应保持湍流状态，并且其循环流量应与实际运行工况接近；开启热响应测试仪内置的制热或制冷装置，协助完成放热或取热实验，使制热或制冷的循环水在水泵的驱动下流入地埋管换热器；在完成向岩土侧放热或取热后，分别对地埋管进、出水侧的流量、压力、温度等参数进行实时跟踪采集，并利用采集数据结合最小二乘法或参数寻优法来完成岩土热物性参数（导热系数、扩散系数）及钻孔热阻的反演计算。岩土热响应测试的原理如图 3-6 所示。

（2）岩土热响应测试步骤

在做岩土热响应测试之前，需要在项目所在地打测试井，并且安装与实际工程类型、材质相同的地埋管换热器，然后将地埋管换热器与测试设备连接。具体的实施步骤如下。

① 实验开始前的准备工作。在实验开始前，检查实验场地的水、电，确保供水、供电的稳定性；检查并确保控制仪器的灵敏度；对所有的测试仪器进行标定和检验，确保其精度在合理范围内，以提高实验精度。

② 利用无功循环法或铺设测温点的方法完成对岩土初始温度的测量。测量岩土初始温度必须在钻孔完成后 72 h 以上进行，以确保岩土温度恢复到未扰动水平。

③ 在完成岩土初始温度测量 24 h 后，进行岩土热响应测试实验。实验一般需要

进行 48 h 以上,并且必须保证循环介质的流态为稳态。当供、回水温度的波动值小于1℃且维持 12 h 以上时,可以认为达到稳态。

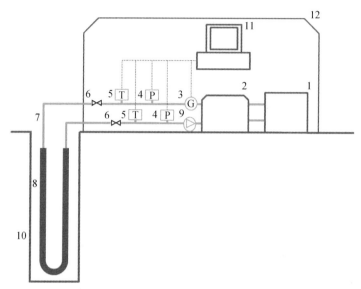

1—保温水箱;2—电加热器;3—流量计;4—压力传感器;5—温度传感器;
6—阀门;7—连接管;8—U 形管;9—循环泵;10—地埋管换热器;
11—数据记录仪;12—车载式热响应测试仪

图 3-6 岩土热响应测试原理图

④ 将所采集的实验数据导出并舍弃非稳态阶段的数据,利用岩土热物性参数反演理论进行数据处理并编制岩土热响应测试实验报告。

⑤ 如果需要进行重复实验或变工况实验,那么必须等到岩土温度恢复初始状态时才可以重启实验。

(3)岩土热物性参数反演理论

对于岩土热响应测试所获得的循环流体的供、回水温度和流量等实时数据,无法通过直接计算得到岩土的热物性参数,需要结合钻孔传热模型及数据处理方法来反演获得。目前常用的钻孔传热模型有线热源模型和圆柱热源模型,数据处理方法包括最小二乘法和参数寻优法。具体来说,将其抽象为一个无限长的线热源或圆柱热源,根据对钻孔壁施加的恒定热流下的岩土温度响应曲线,在对数坐标系中由曲线的斜率和截距反推岩土的热物性参数及钻孔热阻。

线热源模型和圆柱热源模型的理论计算公式如下:

$$T_{\mathrm{f}} = T_0 + q_{\mathrm{l}}\left[\frac{1}{4\alpha_{\mathrm{s}}t}Ei\left(\frac{r_{\mathrm{b}}^2}{4\alpha_{\mathrm{s}}t}\right) + R_{\mathrm{b}}\right] \tag{3-1}$$

$$T_{\mathrm{f}} = T_0 + q_{\mathrm{l}}\left[\frac{G(Fo, 1)}{\kappa_{\mathrm{s}}} + R_{\mathrm{b}}\right] \tag{3-2}$$

式中，T_{f} 为循环流体的进、出口平均温度，℃；T_0 为岩土初始温度，℃；q_{l} 为热响应测试仪施加给钻孔的热流，W/m；α_{s} 为岩土的扩散系数，m^2/s；t 为时间，s；r_{b} 为钻孔半径，m；R_{b} 为钻孔单位长度的热阻，m·K/W；$G(Fo, 1)$ 为无量纲的岩土温度响应函数，其中 Fo 为傅里叶数；κ_{s} 为岩土的导热系数，W/(m·K)。

根据上述公式，分别依照两种模型对实验数据进行曲线拟合，就可以得到曲线的斜率和截距。拟合曲线的斜率和截距公式如表 3-3 所示，可以进一步反推出岩土的热物性参数及钻孔热阻。

表 3-3　线热源模型和圆柱热源模型下的曲线拟合系数

模型类型	横坐标	纵坐标	斜　率	截　　　距
线热源模型	$\ln t$	T_{f}	$k = \dfrac{q_{\mathrm{l}}}{4\pi\kappa_{\mathrm{s}}}$	$m = T_0 + q_{\mathrm{l}}\left[R_{\mathrm{b}} + \dfrac{1}{4\pi\kappa_{\mathrm{s}}}\left(\ln\dfrac{4\alpha_{\mathrm{s}}}{r_{\mathrm{b}}^2} - 0.577\,26\right)\right]$
圆柱热源模型	$G(Fo, 1)$	T_{f}	$k = \dfrac{q_{\mathrm{l}}}{\kappa_{\mathrm{s}}}$	$m = T_0 + q_{\mathrm{l}}R_{\mathrm{b}}$

除曲线拟合的方法外，还可以利用双参数或三参数的参数寻优法进行岩土热物性参数的反演。目前，国内相关企业研发了集工况控制、数据采集和分析评估于一体的热响应测试车，可以更高效、准确地完成岩土热响应测试工作。

3.2.2.2　地埋管换热器设计

1. 地埋管换热器的管材和传热介质

在土壤源热泵系统中，所选择的地埋管换热器的管材对初始投资、维护费用、水泵扬程和系统性能都有影响。地埋管换热器应该采用化学稳定性好、耐腐蚀性强、导热系数大、流动阻力小的塑料管材及管件，宜采用聚乙烯（PE80、PE100）管或聚丁烯（PB）管，不宜采用聚氯乙烯（PVC）管，并且应与管件选用相同的材质。除此之外，地埋管的质量应符合现行国家标准中的各项规定。选聚乙烯管时，其应符合

GB/T 13663.2—2018《给水用聚乙烯（PE）管道系统 第2部分：管材》的要求；选聚丁烯管时，其应符合 GB/T 19473.2—2020《冷热水用聚丁烯（PB）管道系统 第2部分：管材》的要求。地埋管的公称压力及使用温度应满足设计要求，并且要考虑静水压力和管道的增压。在确定管材及管件的承压能力时，还要考虑供水系统启动运行、正常运行和停止运行三种情况下的承压能力，依照最大者选择管材及管件。

地埋管换热器的传热介质应满足的要求有：安全、稳定性好且与管材无化学反应；具有较低的冰点及较小的流动阻力；价格便宜，易于购买、储存和运输。一般情况下，水是良好的传热介质，应当作为首选，其他传热介质包括氯化钠溶液、氯化钙溶液、乙二醇溶液、丙醇溶液、丙二醇溶液、甲醇溶液和乙醇溶液等。在传热介质有可能冻结的场合，应向其中添加防冻剂。在选择防冻剂时，应同时考虑防冻剂对管道、管件的腐蚀性，防冻剂的安全性、经济性，以及传热的影响。此外，对于防冻剂浓度的选取，应保证防冻剂的凝固温度比循环流体的最低温度低 3~8℃。

2. 地埋管换热器的形式与连接

地埋管的布置分为水平布置和垂直布置。水平地埋管防护的优点是在软土地区的造价较低，缺点是容易受到外界气候条件的影响且占地面积大，不适合我国人多地少的国情。垂直地埋管换热器是由竖直钻孔中插入单 U 形换热器、双 U 形换热器、同轴套管换热器或螺旋管换热器，然后用回填材料将钻孔填实构成的。需要注意维持管道之间的距离，以防止热短路现象发生。相邻钻孔的间距设定要综合考虑可用占地面积和单个钻孔传热影响半径，一般需要维持在 4~6 m。对于垂直地埋管中 U 形管个数，研究发现，双 U 形地埋管比单 U 形地埋管可以提高 20%~30% 的换热量，但是双 U 形地埋管的管材用量大，安装较复杂，运行中水泵的功耗会相应增加。在一般工程中，对 U 形管个数的选取需要考虑能耗、换热、占地面积、经济成本等诸多因素。

地埋管钻孔之间的连接可以选择串联或并联的方式。串联系统中只有一个流体通道，而在并联系统中，流体在管路中可以有两个或者更多的通道。串联系统和并联系统的优缺点如表 3-4 所示。

3. 地埋管换热器的传热设计

关于地埋管换热器的传热计算，迄今为止还没有普遍公认的模型或规范。地埋管换热器传热设计的基本任务包括：① 在给定地埋管换热器参数、热泵参数及运行条件的情况下，确定地埋管换热器中循环介质的进、出口温度；② 根据用户确定的循环介质的工作温度范围，确定所需地埋管换热器的长度。主要过程如下。

表 3-4　串联系统和并联系统的优缺点

连接方式	优　　　点	缺　　　点
串联	① 单一的流程和管径; ② 较大的管道直径和管道长度使出水温度较高; ③ 系统中的空气和废渣易排出	① 需要较大的管径、流体体积和较多的防冻剂; ② 管道费用较高; ③ 安装人工费较高; ④ 管道长度较大,导致压降较大,影响系统性能
并联	① 管径较小,管道费用较低; ② 所需防冻剂较少; ③ 安装人工费较低	① 一定要保证系统中的空气和废渣排出; ② 在保证等长环路下,每个并联路线之间的流量要保证平衡

1) 确定地埋管换热器容量设计的基本参数

主要包括:

① 钻孔参数,包括钻孔的分布形式、钻孔半径、钻孔深度、钻孔间距及回填材料的物性参数等;

② 地埋管参数,包括管材、公称外径、壁厚、导热系数等;

③ 岩土物性参数及岩土的平均温度,可以利用岩土热响应测试数据获得;

④ 循环介质的类型及相应的热物性参数;

⑤ 热泵的性能参数及性能曲线;

⑥ 建筑的负荷数据。

2) 计算地埋管换热器的长度

地埋管换热器长度的确定是一个比较复杂的设计计算过程,目前应用比较广泛的垂直 U 形管换热器长度的计算方法主要有三种: 标准推荐方法、工程概算法和动态模拟法。

(1) 标准推荐方法

GB 50366—2005《地源热泵系统工程技术规范(2009 年版)》推荐的计算方法(参见该标准的附录 B 部分),主要根据垂直地埋管换热器内的各项热阻(如对流热阻、管壁导热热阻、回填材料导热热阻、地层导热热阻等)的总和计算垂直地埋管换热器(钻孔)的长度。该方法是基于傅里叶导热定律及 Kelvin 线热源理论的解析法。除此之外,下面也是一种比较常见的计算钻孔长度的方法。

制冷工况所需要的地埋管换热器长度为

$$L_c = \frac{q_a R_{ga} + (q_{lc} - W_c)(R_b + PLF_m R_{gm} + R_{gd} F_{sc})}{T_g - \dfrac{T_{wi} + T_{wo}}{2} - T_p} \quad (3-3)$$

供热工况所需要的地埋管换热器长度为

$$L_h = \frac{q_a R_{ga} + (q_{lh} - W_h)(R_b + PLF_m R_{gm} + R_{gd} F_{sc})}{T_g - \dfrac{T_{wi} + T_{wo}}{2} - T_p} \quad (3-4)$$

式中,q_a 为对大地的年平均排热率,kW;q_{lc} 和 q_{lh} 分别为建筑的设计冷、热负荷,kW;W_c 和 W_h 分别为设计冷、热负荷下的耗功率,kW;R_{ga}、R_{gm} 和 R_{gd} 分别为年、月和日热脉冲产生的有效热阻,m·K/W;R_b 为钻孔热阻,m·K/W;PLF_m 为设计月热泵运行率;F_{sc} 为热短路损失因子;T_g 为岩土初始温度,℃;T_{wi} 和 T_{wo} 分别为热泵进、出口温度,℃;T_p 为相邻钻孔之间的热干扰补偿温度,℃。

(2)工程概算法

该方法是根据建筑的设计冷、热负荷及热泵机组的性能系数确定地埋管换热器的放热量和吸热量,然后确定地埋管换热器的形式,再根据现场岩土热响应测试所得到的单位孔深的热流密度求出所需地埋管换热器的长度的。这种方法简单、直观,比较适用于工程初期对地埋管换热器的估算。

① 确定地埋管换热器的放热量和吸热量

$$Q_c = Q_{c0}\left(1 + \frac{1}{COP_c}\right) \quad (3-5)$$

$$Q_h = Q_{h0}\left(1 - \frac{1}{COP_h}\right) \quad (3-6)$$

式中,Q_c 和 Q_{c0} 分别为地埋管换热器向土壤释放的热量和设计冷负荷,kW;Q_h 和 Q_{h0} 分别为地埋管换热器从土壤中吸收的热量和设计热负荷,kW;COP_c 和 COP_h 分别为设计工况下热泵机组的制冷、制热性能系数,可以根据热泵机组的样本手册确定。

② 确定地埋管换热器的长度

$$L_c = \frac{1\,000 n Q_c}{q_c} \quad (3-7)$$

$$L_{\mathrm{h}} = \frac{1\,000nQ_{\mathrm{h}}}{q_{\mathrm{h}}} \tag{3-8}$$

式中，L_{c} 和 L_{h} 分别为夏季和冬季地埋管换热器的长度，m；q_{c} 为夏季单位孔深的放热量，W/m；q_{h} 为冬季单位孔深的吸热量，W/m；n 为地埋管换热器长度修正系数，单 U 形管换热器对应为 2，双 U 形管换热器对应为 4。

取 L_{c}、L_{h} 两者中的较大值为地埋管换热器的最终长度 L。

③ 确定钻孔间距和钻孔个数

为了避免各管间的热干扰，钻孔间距应根据地埋管所处区域的场地面积进行规划，根据国内外的实际工程经验，一般可以取 4~6 m。选择一个合适的钻孔深度，一般取 40~200 m，然后可计算钻孔个数：

$$N = \frac{L}{nH} \tag{3-9}$$

式中，N 为钻孔个数；H 为钻孔深度，m。

需要注意的是，一般情况下是希望通过增加钻孔个数而非埋深来满足用户的负荷需求的，因为单个钻孔深度的增加不仅会使系统造价急剧上升，而且会加大相邻钻孔之间的热短路风险。此外，还要考虑管壁的承压能力和单个钻孔的流量问题。表 3-5 给出了不同管径、埋深的建议值，可供设计时参考。

表 3-5　不同管径、埋深的建议值

管径/mm	20	25	32	40
埋深/m	30~60	45~90	75~150	90~180

（3）动态模拟法

该方法是根据地埋管换热器的传热模型，结合热泵模型编制出相应的计算软件，通过输入地埋管换热器容量设计的基本参数来确定地埋管换热器的长度的。在模拟设计时，一般需要考虑两方面问题：一是建筑的最大冷、热负荷要求或者循环流体的最低、最高温度要求；二是系统的长期稳定性要求，如制冷、制热负荷不平衡会导致土壤换热能力下降，长期运行会导致土壤换热能力衰竭等。目前，常用的计算软件包括 EED 软件、TRNSYS 软件、GLHE Pro 软件、GchpCale 软件、GLD 软件、GeoStar 软件等。

4. 地埋管换热器的水力计算

（1）地埋管换热器的流量计算

地埋管换热器的流量计算是其水力计算的第一步，该参数的确定既要考虑热泵机组的要求，也要考虑对地埋管换热器换热效果和流动阻力的影响。对于循环流量的选取，一般应遵循的原则为蒸发器进出口温差小于 4℃，冷凝器进出口温差小于 5℃。地埋管换热器的流量应当选择夏季和冬季计算结果中的较大值。

夏季循环总流量可按照下式确定：

$$G_{c} = \frac{3\,600Q_{c}}{\rho c\Delta T} = \frac{3\,600(Q_{c0} + P_{c})}{\rho c\Delta T} \tag{3-10}$$

式中，G_{c} 为夏季地埋管换热系统的总流量，m^{3}/h；Q_{c} 为夏季地埋管换热器的总放热量，kW；Q_{c0} 为夏季土壤源热泵机组的总制冷量，kW；P_{c} 为夏季土壤源热泵机组的总耗电功率，kW；ρ 为循环介质的密度，kg/m^{3}；c 为循环介质的比热容，$kJ/(kg \cdot ℃)$；ΔT 为热泵机组的冷凝器进出口温差，℃。

冬季循环总流量可按照下式确定：

$$G_{h} = \frac{3\,600Q_{h}}{\rho c\Delta T} = \frac{3\,600(Q_{h0} - P_{h})}{\rho c\Delta T} \tag{3-11}$$

式中，G_{h} 为冬季地埋管换热系统的总流量，m^{3}/h；Q_{h} 为冬季地埋管换热器的总吸热量，kW；Q_{h0} 为冬季土壤源热泵机组的总制热量，kW；P_{h} 为冬季土壤源热泵机组的总耗电功率，kW；ρ 为循环介质的密度，kg/m^{3}；c 为循环介质的比热容，$kJ/(kg \cdot ℃)$；ΔT 为热泵机组的蒸发器进出口温差，℃。

（2）地埋管换热器的阻力计算

地埋管换热器阻力计算的具体步骤如下。

① 确定流体的循环流量、管道公称直径。

② 根据公称直径确定地埋管换热器管道的内径，进而可以确定管道的断面面积。

$$A = \frac{\pi d_{i}^{2}}{4} \tag{3-12}$$

式中，A 为管道的断面面积，m^{2}；d_{i} 为管道的内径，m。

③ 计算管道内流体的流速。

$$v = \frac{G}{3\ 600A} \qquad (3-13)$$

式中,v 为管道内流体的流速,m/s;G 为管道内流体的体积流量,m³/h。应当注意的是,必须保证地埋管换热器中流体的流态为湍流状态,并且流速大于 0.4 m/s。

④ 计算管道内流体的雷诺数。雷诺数应大于 2 300,以确保处于湍流状态。

$$Re = \frac{\rho v d_i}{\mu} \qquad (3-14)$$

式中,Re 为管道内流体的雷诺数;ρ 为管道内流体的密度,kg/m³;μ 为管道内流体的动力黏度,N·s/m²。

⑤ 计算管段的沿程阻力。

$$P_y = P_d L \qquad (3-15)$$

$$P_d = 0.158 \rho^{0.75} \mu^{0.25} d_i^{-1.25} v^{1.75} \qquad (3-16)$$

式中,P_y 为管段的沿程阻力,Pa;P_d 为管段的单位管长沿程阻力损失,Pa/m;L 为管段的长度,m。

⑥ 计算管段的局部阻力。

$$P_j = P_d L_j \qquad (3-17)$$

式中,P_j 为管段的局部阻力,Pa;L_j 为管段管件的当量长度,m,该数据可以通过查管件当量长度表获得。

⑦ 计算管段的总阻力。

$$P_z = P_y + P_j \qquad (3-18)$$

式中,P_z 为管段的总阻力,Pa。

（3）循环泵的选择

在设计时,应该根据水力计算得到的流量和阻力,合理确定循环泵的流量和扬程,并确保循环泵可以在高效区间内工作。根据地埋管换热系统水力计算的设计流量、地埋管换热系统环路的总压力损失,分别加上相应的安全系数后作为选择循环泵时所需要依据的流量和扬程(压头),即

$$G_p = 1.1 G_{de} \qquad (3-19)$$

$$H_p = (1.1 \sim 1.2) \sum \Delta H \qquad (3-20)$$

式中，G_p 为选择循环泵时所需要依据的流量，m^3/h；G_{de} 为地埋管换热系统水力计算的设计流量，m^3/h；H_p 为选择循环泵时所需要依据的扬程（压头），m；$\sum \Delta H$ 为地埋管换热系统环路的总压力损失，m。

根据以上公式并结合水泵的特性曲线及特性表，选择循环泵，同时需要注意以下几点：

① 为了降低工程造价和减小占地面积，一般循环泵的数量不宜超过 4 台，单台循环泵的扬程不宜超过 32 m；

② 如需要两台循环泵，应选择其特性曲线为平坦型的；

③ 循环泵长时间工作点应位于最高效率点附近的区间内，并且应选择与防冻剂兼容的循环泵类型。

3.2.3 地下水源热泵系统设计

关于地下水源热泵系统的设计，仍然需要进行室内系统设计，这部分已在 3.2.1 节阐述，这里只介绍地下水换热系统的设计内容。

1. 地下水供水系统形式的选择

地下水供水系统分为间接供水系统和直接供水系统两种。间接供水系统是指使用板式换热器把地下水和水源热泵机组分开，地下水不直接进入水源热泵机组，而直接供水系统中地下水直接进入水源热泵机组。因此，间接供水系统可以使水源热泵机组受地下水水质的影响较小，防止出现结垢、腐蚀、泥渣堵塞等情况，从而降低维修费用和延长使用寿命。地下水源分体式热泵空调系统必须采用间接供水系统。当选用地下水源集中式热泵空调系统时，可根据地下水水质的优劣选定地下水供水系统的形式。对直接供水系统中地下水水质的要求，参考如下：

① 含砂量低于 1/200 000；

② pH 为 6.5~8.5；

③ CaO 含量小于 200 mg/L；

④ 矿化度小于 350 mg/L；

⑤ Cl^- 浓度小于 100 mg/L，SO_4^{2-} 浓度小于 200 mg/L，Fe^{2+} 浓度小于 1 mg/L，H_2S 浓度小于 0.5 mg/L。

如果地下水因水质问题而不适合水源热泵机组使用,那么可以采取相应的技术措施进行水处理,以使其符合要求。经常采用的水处理技术措施主要有以下几种。① 除砂器与沉淀池,当水中含砂量较高时,可在供水管路上加装旋流除砂器,如工程场地面积比较大,也可修建沉淀池。② 净水过滤器,有些地下水的浑浊度比较高,可以安装净水过滤器。③ 除铁设备,当水中铁含量大于 1 mg/L 时,应在系统中加装除铁设备。④ 换热器,有些水体的矿化度较大,对金属的腐蚀性较强,直接进入水源热泵机组会使水源热泵机组因受到腐蚀作用而减少使用寿命,并且通过水处理的方式减小矿化度的费用很高,通常采用加装板式换热器的方式,把水体与水源热泵机组隔开,使水源热泵机组彻底免受水体可能产生的腐蚀作用。若用于地下水源热泵系统的水体的矿化度小于 350 mg/L,则可以不安装换热器。当水体的矿化度为350~500 mg/L 时,可以安装不锈钢板式换热器。当水体的矿化度大于 500 mg/L 时,应在系统中加装耐腐蚀性强的钛合金板式换热器。也可安装容积式换热器,其费用比板式换热器的费用低,但其占地面积较大。

2. 地下水流量的确定

（1）开式环路

夏季制冷工况下地下水流量为

$$G_{c} = \frac{Q_{c}}{c_{p}(T_{f2} - T_{f1})} \times \frac{COP_{c} + 1}{COP_{c}} \tag{3-21}$$

冬季供热工况下地下水流量为

$$G_{h} = \frac{Q_{h}}{c_{p}(T_{f1} - T_{f2})} \times \frac{COP_{h} - 1}{COP_{h}} \tag{3-22}$$

式中,G_{c} 和 G_{h} 分别为制冷和供热工况所需要的地下水流量,kg/s;T_{f1} 为地下水供水温度,即进入换热器的地下水水温,℃;T_{f2} 为回灌水温度,即离开换热器的地下水水温,℃;c_{p} 为水的定压比热容,kJ/(kg·℃),通常取 4.187 kJ/(kg·℃);Q_{c} 和 Q_{h} 分别为热泵机组的制冷量和制热量,kW;COP_{c} 与 COP_{h} 分别为热泵机组的制冷性能系数和制热性能系数。

地下水供水温度 T_{f1} 可以根据地下水文地质勘测数据获得,设计时也可以参考已有的数据。首先将计算得到的两个流量中的较大值作为板式换热器一次侧水的循环流量,然后根据实验井的出水量和当地水文地质单位的意见,定出每口井的小时出水量,最后确定井的数量及井群的布置位置。

(2)闭式环路

对于闭式环路的地下水源热泵空调系统,夏季制冷和冬季供热工况下地下水流量仍然采用式(3-21)和式(3-22)确定,但不同的是,地下水的供回水温差不仅与所采用的换热器的结构形式有关,还与热泵机组环路的供回水温差有关。离开换热器的地下水温度应等于热泵机组环路的回水温度与换热器的最小传热温差之和,因此地下水的回水温度是关于热泵机组环路回水温度的函数。热泵机组环路的回水温度影响热泵机组的性能系数,故影响地下水流量的因素有换热器的最小传热温差、热泵机组环路的水流量、水源热泵的性能、潜水泵的动力消耗和环路泵的动力消耗等。

研究表明,系统性能系数(COP_c、COP_h)会先随着地下水流量的增加而上升至一个最高点,然后随着地下水流量的进一步增加,泵的功耗增大,引起系统性能系数下降。因此,这个最高点对应的性能系数就是系统最佳性能系数,该点对应的地下水流量就是最佳地下水流量。但不同的热泵系统对应的最佳性能系数不同,而且最佳性能系数与许多因素有关。文献推荐的地下水流量为 0.037~0.053 kg/(s·kW),即地下水的温差为 4.5~6.5℃;所采用的地下水供回水温差为热泵机组环路供回水温差的 1.2 倍。

3. 地下水回灌设计

地下水源热泵系统必须满足 GB 50366—2005《地源热泵系统工程技术规范(2009年版)》中 5.1.1 的规定:"地下水换热系统应根据水文地质勘察资料进行设计。必须采取可靠回灌措施,确保置换冷量或热量后的地下水全部回灌到同一含水层,并不得对地下水资源造成浪费及污染。系统投入运行后,应对抽水量、回灌量及其水质进行定期监测。"其中,可靠回灌措施要求从哪层取水后必须回灌到哪层,并且回灌井要具有持续回灌能力。同层回灌可避免污染含水层,维持同一含水层水量,保护地下水资源。热源井只能用于置换地下冷量或热量,不得用于取水等其他用途。抽水、回灌过程中应采取密闭等措施,不得对地下水资源造成污染。

(1)地下水回灌方法

地下水源热泵系统常用的压力回灌方法是真空回灌法、重力回灌法和加压回灌法。真空回灌法又称负压回灌法,是指在有密封装置的回灌井中,开启循环泵,使得井管内充满地下水,然后停泵并立即关闭出口处的控制阀门,使得管内水面和控制阀门之间形成真空环境,依靠虹吸作用使水迅速进入井管,并克服阻力向含水层流动,这种方法适合使用年限较久的回灌井。重力回灌法又称无压自流回灌法,是依靠地下水自身重力,即回灌水位与静水位的势差实现回灌的方法,该方法对应的系统简单,但只适用于低水位、渗透性良好的含水层。加压回灌法是通过提高回灌水压将经过热量置换后的地下水回灌至含水层的方法,适用于高水位、低渗透的含水层或承压含水层。该方法可以避免回灌堵塞,维持稳定的回灌速度和系统压力,但需要额外电力消耗,并且对过滤层和含砂层的冲击力较强。

（2）地下水灌抽比

地下水灌抽比是指同一井的回灌水量与其抽水量之比,理论上可达到100%。该数值会因各地水文地质条件的不同而有所差异。特别是在细砂含水层中,回灌速度远远小于抽水速度,而对于砂粒较粗的含水层,回灌就较为容易。表3-6列出了不同含水层情况下的典型灌抽比、热源井布置和单井流量。

表3-6　不同含水层对应的地下水源热泵系统设计参数

含水层类型	灌 抽 比	热源井布置	单井流量/(t/h)
砾 石	>80%	一抽一灌	200
中粗砂	50%~70%	一抽二灌	100
细 砂	30%~50%	一抽三灌	50

（3）回灌堵塞问题

管井注入法的主要问题是堵塞,按其性质可分为物理堵塞、化学堵塞和生物化学堵塞三大类。物理堵塞是由补给水体中悬浮物(包括气泡、泥渣、胶体物、各种有机物)充填于滤网和砂层孔隙中所造成的堵塞。当回灌装置密封不严时,大量空气会随回灌水流入含水层,也可能产生堵塞(亦称气相堵塞),主要采用定期回扬抽水方法进行处理(对于气相堵塞,还应及时密封回灌装置)。化学堵塞是由水中化学物质发生化学反应所造成的堵塞。生物化学堵塞,特别是由铁细菌和硫酸盐还原菌造成的堵塞,是许多地区回灌井发生堵塞的主要原因,主要采用注酸方法进行洗井处理。

（4）回灌井的设计要点

对于浅层地下水回灌,GB 50366—2005《地源热泵系统工程技术规范(2009年版)》指出,根据现有地下水源热泵工程经验,抽水井和抽水井之间的距离不应小于50 m。回灌井应根据工程场地最高水位进行合理设计,与抽水井的距离不应小于 35 m,避免因回灌而形成局部"反漏斗",增加基坑壁外侧的水头高度,加大坑壁的承受压力;回灌井和回灌井之间的距离应根据勘察期间的回水水位壅高进行合理设计。

多个抽水井、回灌井供回水管网布置时应采取有效的水力平衡措施,特别是回灌井,应尽量避免因管道阻力差异而影响回灌量。

抽水井用于从井内向井外抽水,主要是为了防止出水量小、含砂量超标;回灌是指将经热交换利用后的地下水用一定压力再灌入含水层,其物理性质和化学组成都有了变化。这种变化会导致新的成分产生,新的成分和回灌水中的既有颗粒进入含水层就会造成堵塞,回灌水的压力作用使堵塞逐渐向管井四周扩散,最终导致回灌井效能下降,故应充分考虑地下水含水层的结构、组成物质粒径后进行回灌井设计。

加压回灌时应分析换热井渗透稳定性和水井井管顶托及下沉影响,控制抽水降深和回灌压力,并采取措施稳定井管。

为了防止微生物生长、化学沉淀和气泡堵塞,泵管与井管的连接部位应做好密封,必要时在回灌管的出口处装节流阀,使整个回灌管中不致出现负压。

对于中深层水热型地热资源,国家能源局发布的能源行业标准 NB/T 10099—2018《地热回灌技术要求》指出,地热回灌工作前,宜结合前期的地质勘查和试生产情况准备以下基础资料:① 地热田的地质构造、岩浆活动、控制构造,以及地热流体的动力场、温度场和循环途径;② 地热井的位置、深度、生产能力、温度、压力、流体化学成分等地热井参数;③ 边界位置、面积、顶板深度、底板深度等热储几何参数;④ 温度、储层压力、密度、比热容、热导率和压缩系数等热储物理性质;⑤ 渗透率、渗透系数、水力传导系数、弹性释水系数、孔隙率、有效孔隙率等热储渗透性和储存流体能力的参数;⑥ 密度、热焓、热导率、比热容、组分、黏滞系数和压缩系数等热流体性质。同时开展回灌试验,测定回灌井的回灌量、压力、流体温度随时间的变化;进行回灌能力评价,确定回灌影响范围以及影响区内热储温度、储层压力和化学组分的变化特点等,并形成回灌能力评价报告。回灌试验的具体要求按照 GB/T 11615—2010《地热资源地质勘查规范》执行。

回灌井的设计应遵循以下原则:① 选择条件好、渗透力强的热储;② 将目的层与非目的层隔开;③ 加强井壁的稳定性;④ 采用高过流面积的成井工艺。回灌可采用自然回灌或加压回灌方式。地热水从开采井抽取出来,经过换热利用后被输送至回灌井,过程中采用除砂、过滤、排气等工艺,自然回灌或加压回灌至回灌井,实现同层回灌。典型回灌系统的工艺流程见图 3-7。

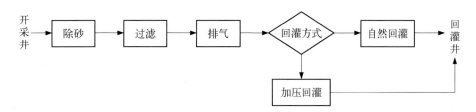

图 3-7　典型回灌系统工艺流程示意图

此外,回灌管网设计应保证气体排出和清洗方便,回灌水水质净化处理应符合下列要求: ① 对于裂隙型热储,回灌过滤精度应小于 50 μm; ② 对于孔隙型热储,回灌过滤精度应小于 5 μm; ③ 宜有排气装置,以防止气体堵塞。

3.2.4　地表水源热泵系统设计

地表水换热系统的形式有开式地表水换热系统(直接利用地表水)和闭式地表水换热系统两种。开式地表水换热系统要根据地表水水质的不同采用合理的水处理方式。地表水的水质指标包括水的浊度、硬度及藻类和微生物含量等。地表水的直接利用必须达到 GB/T 18920—2020《城市污水再生利用　城市杂用水水质》。水处理方式的选择以及水池里设备的设计与施工请参考《水处理工程师手册》(化学工业出版社,2000 年 4 月第 1 版)。地表水的间接利用形式主要包括通过板式换热器的系统形式和通过塑料盘管换热器的系统形式。

3.2.4.1　地表水换热系统勘察

在进行地表水源热泵系统设计之前,应就地表水水源水文状况进行勘察,并做出可靠性综合评价。GB 50366—2005《地源热泵系统工程技术规范(2009 年版)》中明确规定了勘察内容:

① 地表水水源性质、用途、深度、面积及其分布;

② 不同深度的地表水水温及其动态变化;

③ 地表水流速和流量的动态变化;

④ 地表水水质及其动态变化;

⑤ 地表水利用现状;

⑥ 地表水取水和回水的适宜地点及路线。

最后,编写地表水水源水文勘察报告。它是地表水源的水文勘察工作全部成果的集中体现,也是地表水源热泵系统设计的依据和最基本的原始资料。

3.2.4.2 地表水换热设备

1. 地表水换热器选型

对于闭式地表水换热系统,通常采用板式换热器和塑料盘管换热器,下面对这两种换热器做简单介绍。

1) 板式换热器

板式换热器是一种高效、紧凑的换热设备,其波纹形式包括水平平直波纹形式、人字形波纹形式、球形波纹形式、斜波纹形式、竖直波纹形式等,单板传热面积的范围为 $0.04\sim1.3\ \mathrm{m}^2$,具有传热系数高(是管壳式换热器的 $3\sim5$ 倍)、占地面积小(是管壳式换热器的 $1/10\sim1/5$)、单位体积内的换热面积大(是管壳式换热器的 $2\sim5$ 倍)、质量小、拆卸方便等优点。对于板式换热器,其选型设计计算主要涉及传热计算和压降计算两部分,详情可参阅相关板式换热器设计书籍。

2) 塑料盘管换热器

(1) 塑料盘管换热器结构的选择

塑料盘管换热器是一种将一定长度的塑料管卷成盘状的换热器。在实际运行中,将塑料盘管换热器放入地表水中,热泵机组循环水(供热工况下为冷冻水,制冷工况下为冷却水)在盘管内流动,塑料盘管换热器利用盘管内外液体温差进行换热。塑料盘管换热器的材料为聚乙烯或聚丁烯,其有 3/4 in①、1 in、1¼ in、1½ in 等几种规格。

(2) 塑料盘管换热器盘管长度的确定

首先根据单位负荷所需要的盘管长度得到合适的设计进水温度(一般高于 0 ℃,以避免出现结冰现象),然后根据制冷工况下水环路的最大放热量或供热工况下水环路的最大吸热量计算地表水换热器所需要的盘管总长度。需要注意的是,制冷工况下水环路的最大放热量为每个分区和中央泵站释放的热量的总和,供热工况下水环路的最大吸热量为各分区热负荷加上水环路的热损失,减去热泵机组耗功产生的热量,再减去中央泵站释放到水环路中的热量。不同长度地表水换热器盘管的设计进水温度如表 3-7 所示。

---

① 1 in = 2.54 cm。

表 3-7 不同长度地表水换热器盘管的设计进水温度

盘管长度		北　方		南　方	
		河流或湖泊水温			
		4.44℃	10℃	10℃	26.67℃
供热工况	8.67 m/kW	无推荐值	—	3.89℃	—
	17.33 m/kW	0℃	—	5.56℃	—
	26.00 m/kW	1.67℃	—	7.22℃	—
制冷工况	8.67 m/kW	—	20.56℃	—	36.67℃
	17.33 m/kW	—	17.78℃	—	33.89℃
	26.00 m/kW	—	15℃	—	31.11℃

（3）塑料盘管换热器设计

在确定了塑料盘管换热器的盘管长度后,需要确定塑料盘管换热器的盘管数量,设计原则如下:

① 每组盘管作为一个独立环路,为保证各个环路之间流动阻力的平衡,每组盘管的长度应相同,并且供、回水管采用同程布置;

② 环路的流量要保证盘管内的换热介质呈非层流状态($Re>2\,300$)流动,表 3-8 给出了不同换热介质在非层流状态下所需要的最小流量值;

表 3-8 不同换热介质在非层流状态下所需要的最小流量值 （单位: L/s）

换热介质类型（按质量百分比）	换热介质温度							
	$T=-1℃$				$T=10℃$			
	管径/mm							
	20	25	32	40	20	25	32	40
20%酒精	0.24	0.3	0.38	0.44	0.16	0.2	0.28	0.29
20%乙烯乙二醇	0.16	0.2	0.25	0.28	0.11	0.14	0.18	0.2
20%甲醛	0.18	0.23	0.28	0.33	0.13	0.16	0.2	0.22

续表

换热介质类型（按质量百分比）	换热介质温度							
	$T=-1℃$				$T=10℃$			
	管径/mm							
	20	25	32	40	20	25	32	40
20%丙烯乙二醇	0.21	0.27	0.34	0.38	0.15	0.177	0.23	0.26
水	—	—	—	—	0.07	0.09	0.11	0.13

③ 在地表水换热系统的总长度确定后,若要使并联环路少,则每组盘管的长度会增加,其流动阻力也会增加,导致循环泵功耗变大,设计时一般应使盘管的压力损失不超过 61 kPa。

通常,盘管制造厂按标准每捆卷的盘管长度确定环路数,但要注意:若每捆卷的盘管压力损失超过 61 kPa,则需要根据要求修改盘管长度;最好不要超过并联循环的最大环路数 N_{max},以避免盘管内换热介质的流动出现层流。N_{max} 可按照下式计算:

$$N_{max} = \frac{总流量}{最小流量} \qquad (3-23)$$

2. 地表水换热器的水力计算及循环泵的选择

与空调水环路计算相似,可参见 3.2.2.2 节地埋管换热器的水力计算。

3.3　热泵机组

3.3.1　热泵分类及循环原理

根据制冷原理的不同,热泵机组可以采用压缩式热泵、吸收式热泵、吸附式热泵、喷射式热泵、化学热泵和热电热泵。下面将逐一进行介绍。

（1）压缩式热泵

压缩式热泵是地源热泵系统的核心设备。压缩机（包括驱动装置,如电动机、内燃机等）、冷凝器、节流膨胀部件、蒸发器等基础部件构成封闭回路,向其中充注循环工质,由压缩机推动工质在各部件中循环流动。循环工质在蒸发器中发生蒸发相变,吸收低温热源的热能,在压缩机中由低温低压态变为高温高压态,吸收压缩机的驱动电能,最后在冷凝器中发生冷凝相变并放热,把从蒸发、压缩过程中获得的能量供给用户。

(2) 吸收式热泵

吸收式热泵中由发生器、吸收器、溶液泵、溶液阀共同作用,起压缩式热泵中压缩机的作用,并与冷凝器、节流膨胀阀、蒸发器等部件组成封闭系统。向其中充注工质对(吸收剂和循环工质)溶液,吸收剂和循环工质的沸点相差很大,且吸收剂对循环工质有极强的吸收作用。由燃料燃烧或其他高温介质加热发生器中的工质对溶液,产生温度和压力均较高的循环工质蒸气,进入冷凝器并在冷凝器中放热变成液态,再经节流膨胀阀降温降压后进入蒸发器,在蒸发器中吸收环境热或废热变为低温低压蒸气,最后被吸收器吸收(同时放出吸收热)。与此同时,吸收器、发生器中的浓溶液和稀溶液正不断通过溶液泵、溶液阀进行质量和热量交换,维持溶液成分及温度稳定,使热泵连续运行。

(3) 吸附式热泵

一个基本的吸附式热泵系统主要包含四部分:吸附器(用来填装吸附剂)、冷凝器、蒸发器和膨胀阀。多孔性固体物质通常在一定条件下对某些气体有较强的吸附作用,同时放出吸附热;当对吸附了气体的多孔性固体物质加热时,气体可被解吸出来。这种多孔性固体物质称为吸附剂,所吸附的气体称为工质,吸附剂和工质的特定组合称为吸附剂工质对。常用的吸附剂有沸石、活性炭等,常用的工质有水、甲醇等。在吸附式热泵循环过程中,吸附起提供机械能的作用,使得工作流体不需要机械能就可循环流动。

(4) 喷射式热泵

在喷射式热泵中,从喷嘴高速喷出的工作蒸气形成低压区,使蒸发器中的水在低温下蒸发并吸收低温热源的热能,之后被工作蒸气压缩,在冷凝器中冷凝并放热给用户。该类热泵主要应用于食品、化工等领域的浓缩工艺过程中,并通常在结构上和浓缩装置设计成一体。喷射式热泵的优点是可以充分利用工艺中的富余蒸气驱动热泵运行且无运动部件,工作可靠,而缺点是制热性能系数较低。

(5) 化学热泵

化学热泵是依靠可逆化学反应进行吸热和放热过程,并将热能转化为化学能的装置。一方面,正向反应与逆向反应在不同的温度下进行,低温下吸热,高温下放热,完成热量提质;另一方面,通过正向反应和逆向反应的切换,实现化学热泵的储能作用。按照工作介质的相态,化学热泵可以分为气固式化学热泵和气液式化学热泵。

气固式化学热泵主要包含反应器、冷凝器、蒸发器三部分,气液式化学热泵主要由吸热反应器、放热反应器、冷凝器和蒸发器等部分组成。以 $Mg(OH)_2/MgO/H_2O$ 为工作介质的气固式化学热泵可间歇性地实现储能、加热或冷却过程,以异丙醇/丙酮/氢气、甲醇/甲醛/氢气等为工作介质的气液式化学热泵可以连续运行,实现化学储能、热量提质、加热或冷却过程。

(6) 热电热泵

热电热泵的基本原理是基于佩尔捷效应。当两种不同的金属或半导体材料组成电路且通以直流电时,两种材料的一个接点吸热(制冷),另一个接点放热(制热),利用此效应的热泵称为热电热泵(也称为佩尔捷热泵)。热电热泵的优点是无运动部件,吸热与放热可随电流方向灵活转换,结构紧凑,而缺点是制热性能系数低,因此限于在特殊场合(如科研仪器、宇航设备等)或微小型装置中使用。

3.3.2 热泵循环工质

热泵系统的供热特性、经济性、可靠性在很大程度上取决于热泵循环工质。热泵循环工质是在热泵机组中进行状态变化的工作流体,也是热泵循环赖以进行能量转化和传递的介质,以达到最终制冷和制热的目的。从本质上看,热泵循环工质的功能与制冷剂在制冷系统中的功能相同,特别是在那些使用同种工质,并且同时具备制冷和制热能力的热泵机组中。事实上,热泵机组与制冷系统的工作原理是一样的,只是工作温度范围不同。

一般来说,凡是能在常温常压下发生相变、实现热量传递的流体,基本上都可以考虑采用。但是,究竟哪种物质适合作为热泵循环工质,即能够在实际的运行工况范围内传递热量,主要取决于该物质的温度、压力和标准沸点之间的关系。此外,还与该物质是否具有足够高的能够有效传递热量的潜热值有关。

从历史上看,工质的发展经历了三个阶段。第一阶段对应的是 19 世纪的早期工质,第二阶段对应的是 20 世纪的氯氟烃(CFCs)和含氢氯氟烃(HCFCs)类工质,但由于它们具有破坏臭氧层和导致全球气候变暖的影响,在 20 世纪七八十年代以后,工质的发展进入了第三阶段,即 20 世纪末与 21 世纪的绿色环保工质阶段,主要为氢氟烃(HFCs)和天然工质类。

1. 传统工质

热泵循环工质可以是无机化合物,例如氨、水和二氧化碳,也可以是有机化合物,例如卤代烃(如氟利昂)、环状有机化合物、掺氢有机化合物(包括饱和的和不饱和的)、有机氧化物。热泵循环工质可以是单一纯工质,也可以是多工质的混合物,混合工质还可以进一步分为共沸混合工质和非共沸混合工质。在选择热泵循环工质时,应从工质的热力学性质、经济性、安全性等多个方面进行考虑。一般来说,综合性能优良的工质应满足以下几方面要求。

1) 热物性与实用性要求

① 工质的标准沸点(在101.325 kPa下的饱和温度)要合适,使得蒸发温度对应的饱和压力不致过低,以稍高于大气压力为宜,可以防止空气进入系统。工质的冷凝温度对应的饱和压力不宜过高,以降低对设备耐压和密封的要求。

② 在工作温度(蒸发温度和冷凝温度)条件下,工质的汽化潜热要大,以便使工质有较强的制冷和制热能力。

③ 工质在 $T-s$ 图上的饱和气相、液相线以较陡峭为宜,以便冷凝过程更加接近定温放热过程,饱和液相线陡峭表明液态质量定压比热容 c_p 小,这样可以减少绝热节流引起的制冷能力的下降。

④ 工质的临界温度要远高于环境温度,使得循环不在临界点附近运行,而运行于有较大汽化潜热的范围内。

⑤ 工质的凝固点要低,以免在低温下凝固而阻塞管路。

⑥ 工质饱和气的比体积要小,以减小设备的体积。

⑦ 工质要具有较高的导热系数及相变传热系数,以减小换热器的换热面积。

⑧ 工质的黏度要较低,以降低管路中的流动阻力。

2) 环保性要求

20 世纪七八十年代,科学家指出正在大量生产使用的 CFCs,由于化学稳定性好(某些 CFCs 的大气寿命超过 100 年,如 CFC - 12 的大气寿命为 102 年),因而不易在对流层分解,通过大气环流进入臭氧层所在的平流层,在短波紫外线 UV - C 的照射下分解出氯自由基,参与了对臭氧的消耗,形成了臭氧空洞。

归纳起来,要使臭氧发生损耗,这种物质必须具备两个特征:一是含有氯原子、溴原子或另一种相似的参与臭氧变氧气化学反应的原子;二是在低层大气中十分稳定(也就是有足够长的大气寿命),使其能够到达臭氧层。考虑上述因素,对于一个给定的化学品,可以用臭氧损耗潜能(ozone depletion potential , ODP)表示臭氧消耗物质分解臭氧的能力。ODP 的数值以 CFC - 11 为基准,设定 CFC - 11 的 ODP 值为 1,其他臭氧消耗物质的 ODP 值按其相对于 CFC - 11 分解臭氧的能力以大于或小于 1 的分数表示。

工质的另一个环境效应为温室效应,带来全球变暖的影响。CFCs、HCFCs 和新一代的 HFCs 类工质都被认为会产生温室气体。对全球变暖的影响大小取决于这种气体吸收红外线能量的能力和这种气体从大气中被消除前所延续的时间。总的效应与时间长短有关,一种气体对全球变暖的累积影响将持续增加,直到这种气体最终全部从大气中被消除。

国际上有三种评价气体对温室效应影响的方法:① 采用全球变暖潜能(global warming potential, GWP);② 采用变暖影响总当量(total equivalent warming impact, TEWI);③ 采用寿命期气候性能(life cycle climate performance, LCCP)。目前应用较广泛的是采用 GWP,GWP 与 ODP 一样,也是在一个相对的基础上计算得来的。CO_2 的 GWP 值被定为 1,而不必考虑时间框架,所有其他气体都有各自相对于 CO_2 的 GWP 值。对于同一种工质,根据所用的时间框架不同,其 GWP 值会发生变化,一般用得较多的是基于 100 年的时间框架。

《关于消耗臭氧层物质的蒙特利尔议定书》(简称《蒙特利尔议定书》)及其后续的伦敦修正案、哥本哈根修正案、蒙特利尔修正案、北京修正案和基加利修正案,《〈联合国气候变化框架公约〉京都议定书》等一系列公约对 CFCs、HCFCs 等工质的使用和 CO_2 等温室气体的排放做出了明确规定。我国于 1991 年 6 月 14 日加入《蒙特利尔议定书》伦敦修正案,其于 1992 年 8 月 10 日对我国正式生效。同时,我国政府于 1992 年编制了《中国逐步淘汰消耗臭氧层物质国家方案》。随着国际、国内形势的变化,我国于 1997 年决定组织修订,形成了该国家方案的 1999 年修订稿。其中,CFCs 类工质已于 2010 年 1 月 1 日被完全禁用,而 HCFCs 类工质将于 2040 年被全面禁用。

关于热泵循环工质的选择,要在满足所签订的《蒙特利尔议定书》及其修正案的基本承诺的基础上,尽量选择环境友好型的绿色环保工质。

3) 其他要求

(1) 理化性质

具体要求如下。

① 工质的化学稳定性好,保证温度较高时在压缩机排气阀附近不分解。

② 工质与设备接触时不发生化学反应,保证长期可靠运行。

③ 目前常用的工质主要是甲烷族卤化物和乙烷族卤化物。由于氟原子、氯原子的引入,这两类化合物具有不同的性质,其变化规律分别如图 3 - 8 和图 3 - 9 所示。

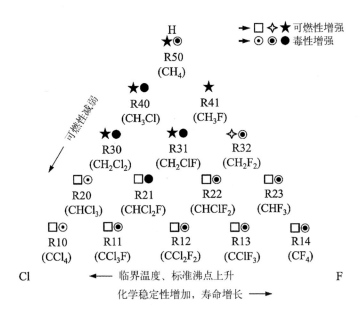

图 3-8　甲烷族卤化物性质变化规律

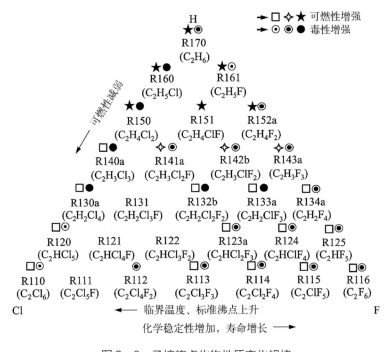

图 3-9　乙烷族卤化物性质变化规律

由全氢原子、全氟原子、全氯原子取代的烷烃作为 3 个顶端构成了三角形,各个不同的含氢氯氟烃都在三角形内,一般具有如下特点。

① 标准沸点:随氯原子数的增加,临界温度和标准沸点上升;随氟原子数的增加,临界温度和标准沸点下降。

② 可燃性:可燃性主要与分子的含氢量有关。含氢量越高,可燃性越强。因为 CFCs 都是不含氢的,所以其均不可燃。但一些替代物,如 R32、R143a 等氢氟烃(HFCs)是有弱可燃性的。而 R50、R170 等烷烃则有强可燃性。

③ 稳定性:稳定性一般随分子中氟含量的增加而增加。CFCs 具有不寻常的热稳定性,如 CFC-12 在石英管中于 500℃ 下仍不分解,CFC-11 在 450℃ 时才开始分解。CFCs 还具有良好的化学稳定性,如 CFC-12 在低于 200℃ 时不会与金属反应,但在特定情况下,如与熔融状态的碱金属钠、钾等接触,会有激烈的反应。此外,锌、镁、铝等金属在极性溶剂中会促使乙烷族 CFCs 分解。大部分的 CFCs 对水解是稳定的。氯原子越少,水解稳定性越高,如 CFC-12 的水解稳定性高于 CFC-11 和 HCFC-22,但在特殊情况下,如一定的温度和有金属等存在,水解量会有所增加。

④ 毒性:CFCs 的毒性与分子中氯原子的数量有关。氯原子越少,毒性越小。全氟代烷烃基本上是无毒的。

(2)安全性

许多化学物质,包括工质在内,如果使用不当,就可能会对人体产生危害。安全和健康的重要指标是毒性和可燃性。在选择热泵循环工质时,尽量选择无毒、不可燃的工质,同时泄漏时易被检测也是要考虑的一个方面。

一些国际性组织和某些国家的学术性团体及政府部门对工质的安全等级划分,均以标准的形式做出了详细规定,如国际标准化组织(ISO 5149-4 标准)、欧洲标准化委员会(EN 378-1 标准)、美国供热制冷空调工程师学会(ASHRAE 34 标准)、美国保险商实验室(UL 2182 标准)和美国交通运输部(DOT 173.115 标准)等。原中华人民共和国国家质量监督检验检疫总局和中国国家标准化管理委员会也发布了标准:GB/T 7778—2017。但由于各组织的服务目的和宗旨不尽相同,对工质的安全分类也不完全相同,因此为了能更好地对工质进行分类和应用,各组织关于工质安全分类的标准在不断完善和补充中。

毒性是指在一次性或长期接触、吸入、摄取情况下,工质对人体健康产生有毒或致命影响的能力。工质的毒性可以通过许多方式加以度量，毒性指标本身并没有描述相对的危险性。对于大多数指标和暴露浓度，规定用无因次形式的浓度 ppm(V/V，即百万分之一体积中的颗粒体积，$10^{-4}\%$）和浓度等价物（单位体积的质量）表示。

为了便于查阅和理解这些标准的规定，现将这些标准中所涉及的名词术语及指标汇总如下。

① 立即威胁生命或健康的浓度（immediately dangerous to life or health concentration，IDLH）：人可以在 30 min 内脱离的最高浓度，此时不会产生伤害症状或对健康有不可恢复的影响。

② 半致死浓度（median lethal concentration，LC_{50}）：通常用老鼠做实验，在此种环境中维持 4 h，有 50% 死亡时的浓度。也有采用 1 h 对应的 LC_{50}，大约为 4 h 对应的 LC_{50} 的 2 倍。

③ 允许暴露极限（permissible exposure limit，PEL）：国际上已通过氟化烃替代物的毒性测试项目（PAFT）对一些 HCFCs 和 HFCs 物质进行了广泛的毒性试验，根据这些结果，工质生产厂家建议在给定时间内人可以忍受而无有害影响的浓度，表示人可以安全耐受工质的最大值。

④ 安全阈值（threshold limit value，TLV）：表示各种工作人员可以日复一日地暴露在这种条件下而免受任何对健康不利的影响。对挥发性物质，如工质来说，其安全阈值以容器中每百万分之几的工质容积浓度来表示。

⑤ 安全阈值-时间加权平均值（threshold limit value - time-weighted average，TLV - TWA）：按在一周 40 h 工作制的任何 8 h 工作日内，工质 TLV 值的时间加权平均浓度。对暴露在这种浓度下的所有工作人员的健康都不会有不利影响。

在上述指标中，急性毒性指标包括 IDLH、LC_{50}，慢性毒性指标包括 PEL、TLV 及 TLV - TWA。目前在安全等级划分等方面，使用较多的是 TLV - TWA。TLV - TWA 值越大，表明毒性越小。

可燃性代表化学物质的助燃能力，可以在实验室里测量。工质通常分为不可燃工质、弱可燃工质和强可燃工质，此分类是由需要多高的工质浓度才能维持火焰传播来决定的。以下归纳出一些常用的表征工质可燃性的名词术语和指标。

① 最低可燃极限或燃烧下限（lower flammable limit，LFL）：在特定的试验条件下，可燃工质在它与空气的均匀混合气中能够维持火焰传播的最低浓度。一般以工

质在空气中的体积分数来表示,也可以经换算后以 kg/m³ 来表示,两者的换算关系:在 25℃、101.325 kPa 时,前者乘以 0.000 414 1 和工质摩尔质量可得到后者。

② 最高可燃极限或燃烧上限(upper flammable limit, UFL):在特定的试验条件下,可燃工质在它与空气的均匀混合气中能够维持火焰传播的最高浓度。可燃工质在空气中可燃的范围为 LFL–UFL,若其浓度低于 LFL 或高于 UFL,则不能维持火焰传播,即不可燃。

③ 燃烧热(heat of combustion, HOC):1 kmol 可燃工质在 25℃和 101.325 kPa 下完全燃烧且燃烧生成物均处于气相状态时所放出的热量。

④ 自动点火温度(auto-ignition temperature, AIT):按照美国保险商实验室 UL 340 或国际电工委员会 IEC 79–4 规定的试验方法,工质着火的最低温度。

其中 LFL 值越小,表明可燃性越强。例如,R32 的 LFL 值为 13.3%,意味着 100 kg 空气中有 13.3 kg R32 时会燃烧,而 R290 的 LFL 值为 2.3%,意味着 100 kg 空气中只要有 2.3 kg R290 就会燃烧,故 R32 的可燃性比 R290 弱。当无论空气中有多少某种工质都不会燃烧时,表明这种工质是不可燃的,其 LFL 值为"无"。

表 3–9 列出了部分常用工质的 $IDLH$、LC_{50}、PEL、TLV–TWA、LFL 和 HOC 的数值。

表 3–9 部分常用工质的毒性和可燃性数据

工质	IDLH /10^{-4}%	LC_{50} /10^{-4}%	PEL /10^{-4}%	TLV–TWA/10^{-4}%	LFL/%	HOC /(MJ/kg)
R11	5 000	26 200	1 000	1 000	无	0.9
R12	50 000	>800 000	1 000	1 000	无	−0.8
R22	50 000	220 000	1 000	1 000	无	2.2
R32	—	>760 000	1 000	1 000	13.3	9.4
R123	4 000	32 000	10~30	50	无	2.1
R124	—	262 500	1 000	1 000	无	0.9
R125	—	>800 000	1 000	1 000	无	−1.5
R134a	50 000	567 000	1 000	1 000	无	4.2

续表

工质	IDLH /10^{-4}%	LC$_{50}$ /10^{-4}%	PEL /10^{-4}%	TLV－ TWA/10^{-4}%	LFL/%	HOC /(MJ/kg)
R141b	—	61 647	500	500	6.4	8.6
R142b	—	128 000	1 000	1 000	6.9	9.8
R143a	—	—	—	1 000	7.1	10.3
R152a	—	383 000	1 000	1 000	3.1	17.4
R227ea	—	—	—	1 000	无	3.3
RC318	—	>800 000	—	1 000	无	—
R290	20 000	>800 000	1 000	2 500	2.3	50.3
R600a	—	570 000	600	800	1.8	49.4
R410A	—	—	—	1 000	无	−4.4
R407C	—	—	—	1 000	无	−4.9
R502	—	—	—	1 000	无	—
R717				25	14.8	22.5

（3）与润滑油的互溶性

工质与系统所用的润滑油要有良好的互溶性,以保证系统回油,一方面可以充分润滑压缩机的摩擦部位,另一方面可以避免在换热器底部沉积以影响传热。一般需要寻找合适的润滑油与热泵循环工质匹配。

（4）电气绝缘性

压缩机(特别是封闭式压缩机)的电机绕组及电气元件往往"浸"在气态或液态工质中,这就要求工质一方面不腐蚀这些材料,另一方面本身具有良好的绝缘性。

2. 新型替代工质

为了满足《蒙特利尔议定书》及其修正案规定的要求,世界各国积极开发新的绿色环保工质来替代 CFCs 和 HCFCs 类工质,目前正在使用的绿色环保工质有三大类:

HFCs 类工质,回归第一代的天然工质(氨、碳氢类、CO_2 等),HCFCs 和 HFCs 混合工质。其他还在开发过程中的有醚类替代工质。

选择替代工质时主要从环境、安全性、热工性能、实用性等几个方面加以衡量。具体包括:

① 工质的大气寿命;

② 臭氧损耗潜能 ODP;

③ 全球变暖潜能 GWP 和变暖影响总当量 TEWI;

④ 工质的毒性和可燃性;

⑤ 工质的运行压力;

⑥ 工质的热工特性;

⑦ 与系统中所使用的材料的相容性;

⑧ 与润滑油的互溶性和相容性;

⑨ 是否易获得和成本。

其他现场和设备因素也可能会影响替代工质的选择。例如,工质的改变会改变对机组或机房建筑物的要求。

针对工质替代物的评价,国际上成立了一些有影响力的机构和联合项目组,我国的国家方案中也提出了指导意见。表 3-10 列出了部分热泵循环工质的一般替代物。

表 3-10　部分热泵循环工质的一般替代物

机组类型	原工质	替 代 工 质
往复式冷水机组	R12 和 R500	R22、R134a、R227ea、R401A、R404B、R409A、R411A、R411B、R411C、R416A、R414A、R414B、Freeze12(R134a/142b - 80/20)、R22/142b 等
离心式冷水机组	R11	R123、R22、R134a、R227ea 等
工业过程热泵	R114	R123、R22、R124、R134a、R227ea、R236fa、R401A、R401B 等
家用热泵式空调器	R22	R32、R290、R410A、R410B、R507、MT-31 等

3.3.3　热泵机组变工况特性

在热泵系统运行过程中,考虑到热源和热汇的温度的波动性,末端用户侧负荷的随机性,室内温、湿度要求的精确性,以及热泵机组本身的特点,热泵机组的运行将是一个时刻变化的过程。对热泵机组变工况特性的研究,目前常用的方法有实验方法、数据拟合方法和数值模拟方法,以确定热泵机组在不同工况下的性能系数。无论用哪种方法,其目的都是确定热泵机组的 COP 和某一种或某几种参数之间的变化关系,进而确定热泵机组在特定工况下的实际运行性能。下面介绍其中的两种方法。

(1) 公式拟合方法

以热泵机组供热工况为例,将其设计工况(或额定工况)制热性能系数定义为

$$COP_h = \frac{Q_{h0}}{P_h} = \frac{Q_h + P_h}{P_h} = \frac{Q_h}{P_h} + 1 \tag{3-24}$$

式中,Q_{h0} 为热泵机组的制热量,kW;P_h 为热泵机组的输入功率,kW;Q_h 为热泵机组制热时从低温热源吸收的热量,kW。

为了描述热泵机组与冷凝器和蒸发器中温度的关系,可以从卡诺循环 COP 的表达式出发,探究在循环区间内的两个热源温度对 COP 的影响。

制热时,已知逆卡诺循环的 COP 为

$$COP = \frac{T_c}{T_c - T_e} \tag{3-25}$$

式中,T_c 为冷凝器侧水温,K;T_e 为蒸发器侧水温,K。

将式(3-25)分别对 T_c 和 T_e 求导,得到:

$$\left(\frac{\partial COP}{\partial T_c}\right)_{T_e} = -\frac{T_e}{(T_c - T_e)^2} \tag{3-26}$$

$$\left(\frac{\partial COP}{\partial T_e}\right)_{T_c} = \frac{T_c}{(T_c - T_e)^2} \tag{3-27}$$

由式(3-26)、式(3-27)可得,COP随着冷凝器侧水温的升高而减小,随着蒸发器侧水温的升高而增大。另外,由对制冷时的逆卡诺循环计算的结果也可得到上述结论。根据上述定性关系,有学者建立了制热量(或制冷量)和循环功耗关于蒸发(或冷凝)温度、蒸发器(或冷凝器)出口温度、蒸发器(或冷凝器)入口温度的数学关联式,用于模拟热泵机组变工况下的数学模型,主要有表3-11所示的几种数学关联式。

表3-11 典型热泵机组变工况数学关联式

关 联 式	公 式 表 达
Aellen and Hamitom 多项式关联式	$Q_{c0} = B_1 t_{e,o} + B_2 t_{c,o} + B_3 t_{e,o} t_{c,o} + B_4 t_{e,o}^2 + B_5 t_{c,o}^2 + B_6$ $P_c = B_7 t_{e,o} + B_8 t_{c,o} + B_9 t_{e,o} t_{c,o} + B_{10} t_{e,o}^2 + B_{11} t_{c,o}^2 + B_{12}$
Gordon and Ng 关联式	$\dfrac{1}{COP_c} = -1 + \dfrac{t_{c,i}}{t_{e,o}} + \dfrac{-A_0 + A_1 t_{c,i} - A_2 \dfrac{t_{c,i}}{t_{e,o}}}{Q_c}$
指数关联式	$Q_{c0} = a_0 \exp(k_1 t_e + k_2 t_c)$, $P_c = b_0 \exp(k_3 t_e + k_4 t_c)$, $Q_c = c_0 \exp(k_5 t_e + k_6 t_c)$ 制冷时,$COP_c = a_1 \exp(n_1 t_{e,o} + n_2 t_{c,i}) + b_1 \dfrac{t_{e,o}}{t_{c,i}} + c_1$ 制热时,$COP_h = a_2 \exp(n_3 t_{e,i} + n_4 t_{c,o}) + b_2 \dfrac{t_{e,i}}{t_{c,o}} + c_2$
其他关联式	定冷却水进水温度和冷冻水出水温度、变流量工况下: $COP_c = \dfrac{p_0 + p_1 V_e + p_2 V_e^2 + p_3 V_c + p_4 V_c^2}{1 + p_5 V_e + p_6 V_c + p_7 V_c^2}$ 定流量、变温度工况下: $COP_c = \dfrac{q_0 + q_1 t_{e,o} + q_2 t_{c,i} + q_3 t_{c,i}^2 + q_4 t_{c,i}^3}{1 + q_5 t_{e,o} + q_6 t_{c,i} + q_7 t_{c,i}^2}$

在表3-11中,Q_c和Q_{c0}分别为热泵机组的总放热量和制冷量,kW;P_c为热泵机组的总耗电功率,kW;COP_c和COP_h分别为热泵机组的制冷性能系数和制热性能系数;$t_{c,o}$和$t_{c,i}$分别为冷凝器出口温度和冷凝器入口温度,℃;$t_{e,o}$和$t_{e,i}$分别为蒸发器出口温度和蒸发器入口温度,℃;V_c和V_e分别为冷却水体积流量和冷冻水体积流量,m^3/h;$B_1 \sim B_{12}$、$A_0 \sim A_2$、$a_0 \sim a_2$、$b_0 \sim b_2$、$c_0 \sim c_2$、$k_1 \sim k_6$、$n_1 \sim n_4$、$p_0 \sim p_7$、$q_0 \sim q_7$均为拟合系数。

（2）参数耦合方法

组成压缩制冷系统的四大主要部件是压缩机、冷凝器、蒸发器和节流装置,热泵系统还要加上四通换向阀,分别针对各主要部件建立稳态模型,即压缩机模型、四通换向阀模型、板式换热器模型、热力膨胀阀模型和管路模型,各主要部件模型在此不详细列出,仅给出各主要部件的数学模型之间的参数耦合关系。热泵系统稳定运行应满足能量平衡、压力平衡和质量平衡,各组件之间的制冷剂工作参数是一一耦合的,根据该耦合关系建立热泵系统的热力过程数学模型,如图 3-10 所示。

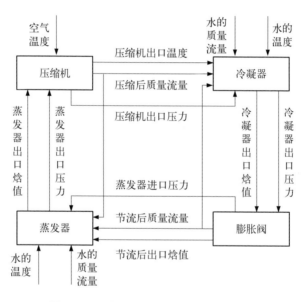

图 3-10　热泵系统稳态模型参数耦合图

在建立了各主要部件的数学模型后,以制冷剂的压力、温度、焓值、质量流量和干度等作为传递参数,就可以将上述模型联系起来,从而构成整个系统的数学模型,进而根据计算流程确定热泵机组变工况特性,计算流程如图 3-11 所示。

对热泵机组变工况特性进行研究,应主要考虑以下几个方面。首先,确定热泵机组的类型、循环过程、循环工质、运行参数等,明确其在额定工况下的热力过程;其次,根据变工况范围,对循环过程进行合理的简化处理,突出重点关注的物理量及物理过程;最后,对变工况过程进行数学模型构建或数据拟合,获得变工况运行的性能系数与某一种或某几种参数的变化关系,并进行多重校验,确定数学模型在变工况范围内的合理性及适用性。

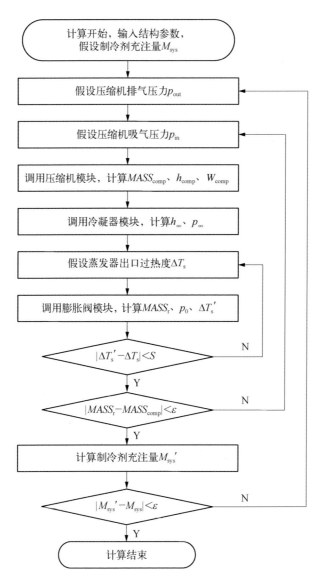

图 3-11　热泵系统数学模型求解流程图

3.3.4　高温热泵技术发展

在不同的应用场合,热泵循环工质的冷凝温度相差很大。根据热泵循环工质冷凝温度的不同,热泵可分为常温热泵(冷凝温度不高于50℃)、中温热泵(冷凝温度为 50~80℃)、中高温热泵(冷凝温度为 80~100℃)和高温热泵(冷凝温度不低于 100℃)四个等级。高温热泵可以在不改变设备运行环境的情况下,使得冷凝温度达到 100℃以上,并且能保持较高的运行效率和稳定的运行状态,扩宽了热泵机组的工作温度区间,使其在能源危机和环境污染问题日益突出及节能减排的大环境下具有更大的市场潜力及广泛的应用推广价值。

　　高温热泵在工业领域有良好的应用前景,成为近年来国际热泵研究的一个重要方向。日本在 20 世纪 80 年代开展了超级热泵计划,开发出四类热泵,其中有利用 45℃余热水、制热温度为 85℃的中高温热泵,以及利用 80℃余热水产出 150℃蒸汽的高温热泵。欧洲利用改进离心式压缩机性能技术路线的高温热泵,采用 R134a 制冷剂和三级离心压缩模式,制热温度可以达到 85℃。我国于 20 世纪 80 年代开始中、高温热泵的一系列研究工作。北京清源世纪科技有限公司与清华大学原热能工程系合作研发出拥有自主知识产权的中高温热泵,在蒸发器进口温度为 45℃下,冷凝器出口温度可以达到 90℃。上海交通大学利用 R22/R141b 混合制冷剂,实现最高制热温度为 80℃。天津大学在中、高温热泵领域进行了一系列的研究,以 R21/R152a/R22 和 R123/R290/R600a 为混合工质,完成科技部的“九五”重点攻关课题,最高制热温度达到 88℃;自主研制的高温工质 BY-3,在采用单级系统的条件下,实现低温热源的大温差提升且热泵能效高,在热源温度为 48℃的条件下,出水温度达到 80℃以上,机组 COP 大于 3.5;利用 M1A、M1B、M1C 的非共沸混合制冷剂(R152a 和 R245fa 不同比例的混合物)进行中高温热泵实验研究,蒸发温度为 45℃,冷凝温度为 70~90℃,通过进一步研究,将以二元混合工质 MB85 为制冷剂的高温热泵的冷凝温度升高到 100℃,最高制热温度达到 97.2℃,循环温升为 45℃时机组 COP 达到 3.83。

　　由于受高温工质、压缩机性能及高温润滑油等的限制,诸多研究者对制热温度在 100℃以上的单级压缩高温热泵的研究大多只停留在理论分析阶段。Devotta 等于 1994 年对当时已提出的 30 多种 HFCs 和氢氟醚(HFEs)纯工质进行了理论循环分析,假定的循环条件有冷凝温度为 80~120℃、无过冷、无过热、无压降、绝热压缩、温升为 40℃,结果表明采用 R143 和 R134a 时的 COP 相对较高;Goktun 通过理论计算提出 HCFC-123、HFC-152、HCFC-235ca、HCFC-244ca、HFC-245ca、HFE-245、HFE-245cb、HFE-245fa 等高温工质适用于蒸发温度为 90℃、冷凝温度为 150℃的高温热泵工况;王怀信等分析了工质 R114、R245fa、M3、M4、M5、M6、M7 在冷凝温度为 80~110℃工况区间内的理论循环性能,最终显示 M5 的综合性能最优,此外还分析了工质 R11、R114、E143、R245ca、R245fa、E245fa、M8、M9 在冷凝温度为 110～140℃工况区间内的理论循环性能,得出 E143 在所研究的工质中循环性能最佳;马利敏等将以 HFC－245fa 为工质的高温热泵作为实验研究对象,实现了最高制热温度为 102℃,但机组 COP 不到 3,并对新型绿色环保非共沸混合工质 M1 进行了研究,冷凝温度突破了 100℃,载热流体的出口温度达到了 103℃,机组 COP 仅为 2.6 左右。上述研究在高温工质领域作出了积极的贡献,但总体而言,对制热温度在 100℃以上仍未找到综合性能优秀的工质,且大部分研究仅处于理论阶段,缺乏相关的试验研究及对长期稳定性的研究。2015 年,高温热泵技术研究取得新进展,中国科学院广州能源研究所联合烟台欧森纳地源空调股份有限公司率先在国内研发了首台低温热源热泵蒸汽机组,利用 60℃的低温热源,产生 120℃的蒸汽输出,机组 COP 可达到 3,将高温热泵制热温度提升到新的高度,实现将高温热泵技术拓展到工业领域。

3.4 地源热泵技术应用及案例

3.4.1 土壤源热泵系统案例分析

1. 工程概况

硅湖职业技术学院校区迁建一期空调工程位于江苏省昆山市花桥国际商务城,总建筑面积为 176 688 m²,其中含 14 栋单体建筑,建筑类型包括教学楼、宿舍、办公楼、体育馆、报告厅、食堂和宾馆等七个类型,主要采用土壤源热泵系统为建筑制冷、供热。地埋管数量合计 864 根,采用 De32 单 U 形高密度聚乙烯(HDPE)管,钻孔直径为 130 mm,埋管有效深度为 130 m,设计间距为 4.5 m,主要埋置于校园东侧体育场、司令台及体育馆地下,如图 3－12 所示。

2. 工程背景

根据学校反馈的情况,学校正常上课时间为 8:30—12:00 和 13:15—16:45,考虑到夜间自习教学楼的冷热负荷和夜间宿舍空调的使用负荷,空调系统每天运行时间按照 10 h 进行计算。学校正常上课月份有 9 个月,放假 3 个月,空调开启时间为 1 月 1 日—3 月 15 日(其中 2 月份为寒假放假时间)、6 月 1 日—9 月 30 日(其中 7 月 1 日—8 月 31 日为暑假放假时间)和 11 月 15 日—12 月 31 日。暑假期间按照 5%的值班负荷进行考虑,寒假期间由于留校人数较少,不予考虑值班负荷。

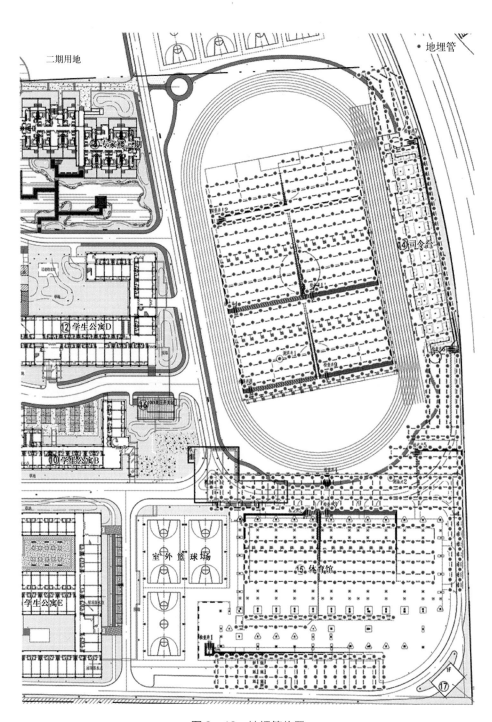

图 3 - 12　地埋管位置

空调系统机组的夏季额定总冷负荷为 5 626 kW(设计冷负荷与机组额定冷负荷相同),地源热泵机组的耗电功率为 950.4 kW;机组的冬季额定热负荷为 5 848 kW(设计热负荷为 5 100 kW),机组的耗电功率为 1 028.2 kW。提供生活热水时采用螺杆式热泵机组,冷热联供状态下单台对应的额定总冷负荷为 578 kW,额定热负荷为 789 kW,机组的耗电功率为 211 kW。

3. 机组基本参数

空调系统所采用的机组基本参数如表 3-12 所示。

表 3-12　机组基本参数

机 组 类 型	供能量/kW		耗电功率/kW		数量/台
	供热	制冷	供热	制冷	
离心式热泵机组	2 924	2 813	514.1	475.2	2
单冷离心式冷水机组	—	2 813	—	—	1
螺杆式热泵机组	789	578	211		2

注:单冷离心式冷水机组的冷源为冷却塔;两台螺杆式热泵机组中一台用于假期为宾馆和办公楼供热、制冷,另一台用于制生活热水。

4. 地埋管逐时取放热量计算

(1) 各工况运行结果

基于相关资料计算得出地埋管冷热负荷,各工况概述如表 3-13 所示。

表 3-13　各工况概述

	非假期供热1	假期供热	非假期供热2	过渡季1	非假期制冷1	假期制冷	非假期制冷2	过渡季2	一年合计
起始日期	11月15日	2月1日	3月1日	3月16日	6月1日	7月1日	9月1日	10月1日	—
结束日期	1月31日	2月28日	3月15日	5月31日	6月30日	8月31日	9月30日	11月14日	—
持续天数	78	28	15	77	30	62	30	45	365
起始时刻/h	0	1 872	2 544	2 904	4 752	5 472	6 960	7 680	—

续表

	非假期 供热1	假期 供热	非假期 供热2	过渡 季1	非假期 制冷1	假期 制冷	非假期 制冷2	过渡 季2	一年 合计
结束时刻/h	1 871	2 543	2 903	4 751	5 471	6 959	7 679	8 759	—
供热、制冷取 放热量/10^9 kJ	−8.11	−0.401	−1.26	0	4.56	1.75	5.39	0	1.929
制生活热水取 热量/10^9 kJ	−0.311	0	−0.059 8	−0.265	−0.122	0	−0.122	−0.155	−1.035
总取放热量 /10^9 kJ	−8.421	−0.401	−1.32	−0.265	4.438	1.75	5.268	−0.155	0.894

注：取放热量为负数表示从地下取热，取放热量为正数表示向地下放热。

其中，不提供生活热水工况下每年从地下取热量约为 $9.77×10^9$ kJ，每年向地下放热量约为 $11.7×10^9$ kJ，即每年累计向地下放热量约为 $1.93×10^9$ kJ，热不平衡率约为 16.5%；提供生活热水工况下每年累计向地下放热量约为 $0.894×10^9$ kJ，热不平衡率约为 7.6%。

（2）逐时负荷计算

负荷计算书给出了各工况不同负荷率占比，如表 3 - 14 所示。

表 3 - 14　各工况不同负荷率占比

负　荷　率	负荷率占比	
	供热工况	制冷工况
100%	0.2	0.25
75%	0.45	0.4
50%	0.25	0.25
25%	0.1	0.1

为了更准确地计算地埋管逐时取放热量，基于某公共建筑的相关负荷数据对地埋管逐时取放热量进行了分配计算。计算出的不提供生活热水工况下地埋管全年逐时取放热量如图 3 - 13 所示。

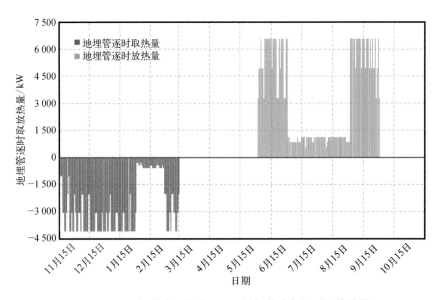

图 3-13　不提供生活热水工况下地埋管全年逐时取放热量

　　进一步计算得到各工况下的单日制生活热水取热量。为了更准确地计算逐时制生活热水取热量,基于某公共建筑的相关数据对本项目的逐时生活热水负荷进行了分配计算,如图 3-14 所示。

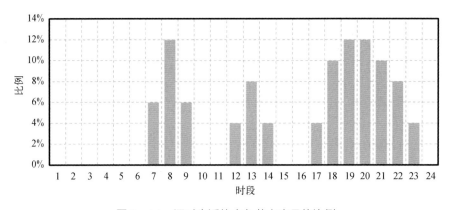

图 3-14　逐时生活热水负荷占当日的比例

　　根据以上结果计算出的提供生活热水工况下地埋管全年逐时取放热量如图 3-15 所示。

　　由图 3-16 可以更直观地对比出两种工况下总取热量与总放热量的差别,不提供生活热水工况下取热量与放热量的差距较大,加入生活热水后总取热量与放热量的差距减小。

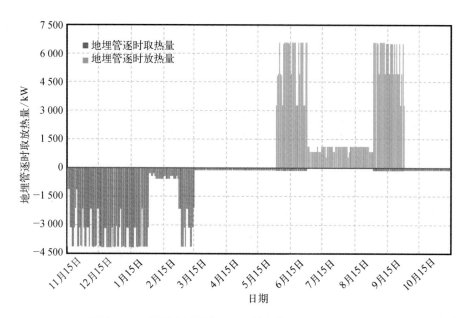

图 3-15　提供生活热水工况下地埋管全年逐时取放热量

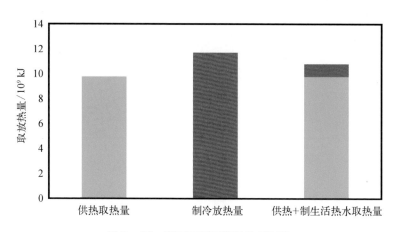

图 3-16　不同工况下取放热量对比

3.4.2　水源热泵系统案例分析

1. 地下水源热泵系统

上海某场地总占地面积为 196 500 m^2，用于建设玻璃温室、全开型温室和其他相关配置。该场地的设计热负荷为 120 W/m², 供暖面积为 20 000 m², 累计热负荷为 2 400 kW。设计水源热泵温差为 10℃, 机组额定 *COP* 为 4, 额定取水量为 160 m³/h, 根据年度不同时间的用水量, 全年地下水总需求量为 511 200 m³。本项目设计两对冷、热对井, 单井出水量为 80 m³/h, 对井之间实现全封闭 100% 回灌。本项目的储能井平面位置设计图如图 3-17 所示。

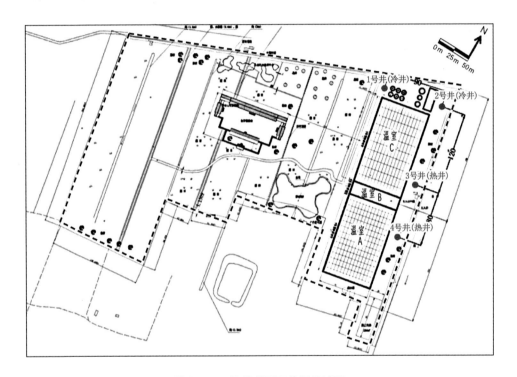

图 3-17　储能井平面位置设计图

根据本项目的自动监测数据, 1—5 月累计抽水量共 24 850.8 m³, 可以实现 100% 回灌, 实现地下水供补平衡, 检测地下水沉降量被控制在微米级。热泵机组的累计耗电量为 134 862 kW·h, 累计制热量为 573 218 kW·h, 累计制冷量为 442 438 kW·h, 实测平均 *COP* 为 4.25, 全年运行节能效果显著。

如表 3-15 所示, 对本项目的经济效益进行分析, 上海工业用电在峰、谷、平的电价分别为 1.197 元/(kW·h)、0.356 元/(kW·h)、0.629 元/(kW·h), 由于系统主要在谷段(自 22:00 至次日 6:00)运行, 加权统计后的平均电价为 0.47 元/(kW·h), 累计电费为 68 686 元, 系统可实现全自动运行, 人工成本可忽略。与本项目蓄热型地源热泵系统相比,其他能源冬季供暖成本如下:燃煤(700 元/t,效率为 60%)成本为本系统的 1.68 倍,燃气(3.8 元/m³,效率为 90%)成本为本系统的 6.85 倍。与这两种常规能源相比,本项目的经济效益和运行成本是可观的。

表 3-15　地下水源热泵运行数据(冬季运行工况)

设　备	耗电量 /(kW·h)	电费 /元	备　注
热泵机组	134 862	63 422	热泵机组的制热量为 573 218 kW·h,制冷量为 442 438 kW·h
深井泵	7 455	3 506	—
板式换热器、循环泵	1 243	584	采用板式换热器隔离地下水和循环水,配备 4 kW 变频循环泵 1 台
机　组	2 495	1 173	机组累计运行时长为 843 h,蒸发端循环泵的耗电功率为 2.2 kW,冷凝端循环泵的耗电功率为 1.5 kW,变频控制,效率按 80% 计算
合　计	146 055	68 685	—

2. 地表水源热泵系统

四川大学新校区图书馆采用地表水源热泵的方式供暖。该建筑为长度超过 80 m、宽度超过 60 m 的大体量建筑,地上有 5 层,地下有 1 层,地面以上总高度为 22.5 m,建筑总面积为 22 500 m²。利用江安河流过新校区的有利条件并根据景观要求,江安河的水被引入图书馆旁的一个 200 亩①左右的人工湖内,将该人工湖作为图书馆空调系统的冷却水源。夏季最高水温为 25℃,冬季最低水温为 5℃,冬季大部分时间湖水温度高于 15℃,湖水最深 9 m,湖水面积为 200 亩;该湖水为流动的湖水,取自江安河的上游,排至江安河的下游,取水口设在湖水的进水侧,排水口设在湖水的排水侧。取水量为 1 350 m³/h,其中本工程的设计流量为 810 m³/h。经过建筑负荷计算,得到空调的冷负荷为 2 998 kW,热负荷为 1 177 kW,辅助热源的热负荷为 119 kW。该系统的流程如图 3-18 所示。

---

① 1 亩≈666.67 平方米。

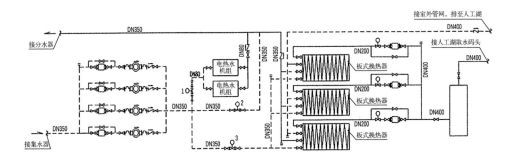

1、2、3 号电动阀的动作原理：

夏季：1、2 号电动阀关闭，3 号电动阀开启。

冬季：当回水温度在 15～20℃内时，1、3 号电动阀关闭，2 号电动阀开启；

当回水温度低于 15℃时，3 号电动阀关闭，1、2 号电动阀开启；

当回水温度高于 30℃时，1、2 号电动阀关闭，3 号电动阀开启。

图 3-18　空调系统流程图

本工程采用地表水作为热泵冷热源，夏季通过板式换热器由湖水将室内热量带走，板式换热器侧供、回水温度分别为 30℃、34℃，冬季通过内区和外区的热平衡即可满足空调要求，故不需要从湖水中吸取热量。当循环水回水温度低于 15℃时，采用辅助电热水锅炉向系统补充热量；当循环水回水温度高于 30℃时，系统启动板式换热器。

根据内外分区分别设置空调系统，大房间采用全空气空调系统，小房间采用盘管型吊装式空调器，空调机组均为一体式的直接蒸发式空调器，压缩机、冷凝器、蒸发器、风机都在一个整体内，整栋大楼设 57 套全空气空调系统。空调水系统采用一次泵负荷侧变流量两管制闭式循环系统，立管为同程式，水平环路为异程式。末端空调机组设平衡阀，以保证每个末端设备的流量。全空气空调系统根据回风温度控制送风温度及送风量，室内吊装的空调器采用室温控制送风温度及送风量，循环水分、集水器采用压差旁路控制。该工程自投入使用五年以来，空调效果能够满足设计要求。

3.4.3　地源热泵耦合系统案例分析

中新天津生态城位于我国国家发展的重要战略区域——天津市滨海新区，建有国家动漫产业综合示范园，目前规划面积约为 1 km²，总建筑面积约为

7.3×10^{5} m^2。

在地埋管换热器搭建方面,为了更大程度地利用桩基直径,地埋管采用螺旋式布管方式,如图 3–19 所示;由于传统的 HDPE 型管材不易弯曲且曲率半径较大,项目选用易弯曲、径向抗压强度高的钢丝管作为换热管。

图 3–19　螺旋管固定方式及埋设方式

(1) 项目在该地建立冷、热、电三联供系统,其能源站供能系统主要包括各供能设备和运输设备。各设备的性能参数确认如下。

① 地源热泵机组:包括两台双级离心式热泵机组,单台制冷量为 3 550 kW,制热量为 4 150 kW。机组供水温度如下:夏季蓄冷工况对应为 4℃,直接制冷工况对应为 6℃;冬季蓄热工况对应为 65℃,直接供热工况对应为 47℃。地源侧共铺设 1 831 根地埋管,地埋管长 120 m,采用双 U 形式。

② 电制冷机组:包括两台离心式冷水机组,单台制冷量为 4 151 kW,供水温度为 6℃。

③ 电制冷机组所配套的冷却塔:共两组,每组冷却水量为 860 m^3/h,散热能力为 4 972 kW,额定工况下进水温度为 37℃,出水温度为 32℃,风机总功率为 30 kW。

(2) 冷、热、电三联供系统目前尚未投入使用,规划性能参数如下。

① 燃气内燃机发电机组:发电量为 1 489 kW,制热量为 815 kW。

② 烟气热水型溴化锂制冷机：制冷量为 1 465 kW，供水温度为 6℃；制热量为 1 600 kW，供水温度为 47℃。

③ 三联供系统所配套的冷却塔：共一台，单台冷却水量为 560 m³/h，散热能力为 3 238 kW，额定工况下进水温度为 37℃，出水温度为 32℃，风机总功率为 22 kW。

以 75% 负荷率供热、开启三联供为例，在传统运行策略和优化运行策略下，系统逐时运行方式对比、全天运行费用对比如图 3-20 和图 3-21 所示。在典型日供热工况下，优化运行策略全天运行费用可节省约 70.0%。在典型日制冷工况下，优化运行策略全天运行费用可节省约 25.7%。经过传统运行策略与优化运行策略的对比分析，对于制冷工况，不开启三联供时全天运行费用最高可降低 30.8%，开启三联供时全天运行费用最高可降低 63.6%；对于供热工况，不开启三联供时全天运行费用最高可降低 33.4%，开启三联供时全天运行费用最高可降低 71.6%。因此，以地源热泵供能为主导的三联供系统优化运行策略可以提高能源利用效率，降低运行成本，实现系统高效优化运行，为更好地发挥地源热泵在能源站的效益奠定基础。

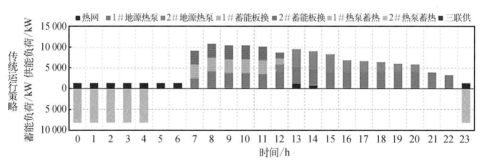

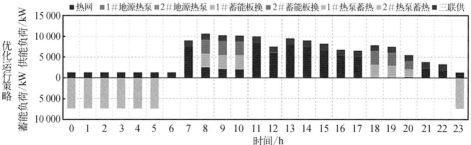

图 3-20 供热传统运行模式与优化运行模式典型日逐时调度策略对比

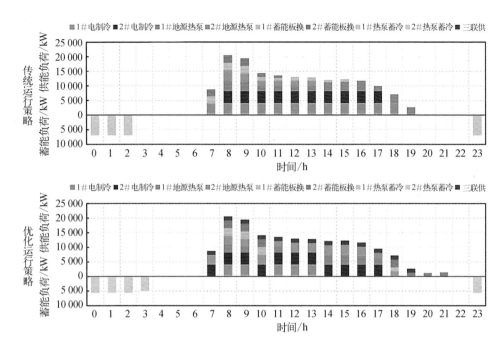

图 3–21 制冷传统运行模式与优化运行模式典型日逐时调度策略对比

参考文献

[1] 徐伟.中国地源热泵发展研究报告(2018)[M].北京: 中国建筑工业出版社,2019.

[2] 王陈栋.地下水地源热泵系统的节能诊断与优化[D].北京: 北京工业大学,2008.

[3] Sanner B, Karytsas C, Mendrinos D, et al. Current status of ground source heat pumps and underground thermal energy storage in Europe[J]. Geothermics, 2003, 32 (4/5/6): 579 – 588.

[4] Kavanaugh S P. Field tests for ground thermal properties-methods and impact on ground-source heat pump[J]. ASHRAE Transactions, 1998, 104(2): 347 – 355.

[5] 杜占.热泵的应用及其发展[J].化学工程与装备,2012(2): 128 – 130.

[6] 曹德胜,史琳.制冷剂使用手册[M].北京: 冶金工业出版社,2003.

[7] 杨卫波.土壤源热泵技术及应用[M].北京: 化学工业出版社,2015.

[8] 刘洋,刘金祥,丁高.水源热泵机组变工况运行的数学模型研究[J].暖通空调, 2007,37(3): 21 – 24.

[9] 刘敏.水源热泵系统变工况输送能耗优化分析[D].青岛：青岛大学,2015.

[10] 曾菲.江水源热泵系统运行控制的优化研究[D].重庆：重庆大学,2010.

[11] 包涛,董玉军,周翔,等.水源热泵系统的稳态模拟与实验研究[J].制冷与空调,2004,4(4)：57 - 60.

[12] 于晓慧.高温热泵系统性能及性能预测研究[D].天津：天津大学,2014.

[13] 史琳,朱明善,韩礼钟,等.一种高温水源热泵的制冷工质：CN1159406C[P].2004 - 07 - 28.

[14] Li T X, Guo K H, Wang R Z. High temperature hot water heat pump with non-azeotropic refrigerant mixture HCFC - 22/HCFC - 141b [J]. Energy Conversion and Management, 2002, 43(15)：2033 - 2040.

[15] Zhao L, Zhao L L, Zhang Q, et al. Theoretical and basic experimental analysis on load adjustment of geothermal heat pump systems [J]. Energy Conversion and Management, 2003, 44(1)：1 - 9.

[16] Chen C M, Zhang Y F, Deng N, et al. Experimental performance of moderate and high temperature heat pump charged with refrigerant mixture BY - 3[J]. Transactions of Tianjin University, 2011, 17(5)：386 - 390.

[17] Zhang S J, Wang H X, Guo T. Experimental investigation of moderately high temperature water source heat pump with non-azeotropic refrigerant mixtures [J]. Applied Energy, 2010, 87(5)：1554 - 1561.

[18] 王怀信,陈清莹,潘利生.二元混合工质 MB85 中高温热泵的性能[J].天津大学学报,2011,44(12)：1106 - 1110.

[19] Devotta S, Pendyala V R. Thermodynamic screening of some HFCs and HFEs for high-temperature heat pumps as alternatives to CFC114 [J]. International Journal of Refrigeration, 1994, 17(5)：338 - 342.

[20] Goktun S. Selection of working fluids for high-temperature heat pumps [J]. Energy, 1995, 20(7)：623 - 625.

[21] 王怀信,郭涛,王继霄.几种中高温热泵工质的理论循环性能[J].太阳能学报,2010,31(5)：592 - 597.

[22] 马利敏,王怀信,王继霄.HFC245fa 用于高温热泵系统的循环性能评价[J].太阳能学报,2010,31(6)：749 - 753.

[23] 赵勇泉.水源热泵设计及应用实例[J].制冷空调与电力机械,2011,32(6)：40 - 42,36.

[24] 葛佳,陈敏,乔坚强.上海地区地下水源热泵技术应用实例研究[J].上海国土资源,2016,37(2)：75 - 78.

第 4 章

地热吸收式热泵技术

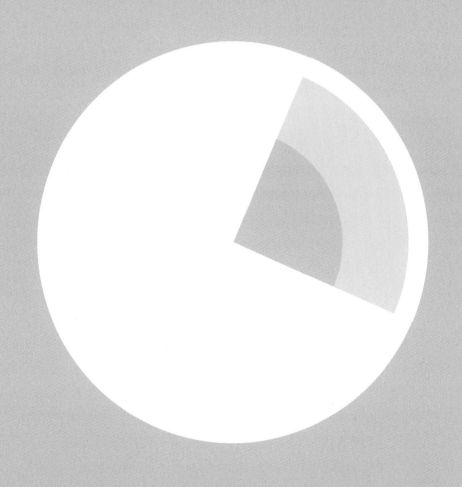

4.1 地热吸收式热泵技术原理及分类

4.1.1 地热吸收式热泵系统组成

地热吸收式热泵系统主要由供热端地热换热系统、吸收式热泵机组和用户端制冷/采暖末端系统这三部分组成,其循环原理如图4-1所示。供热端地热换热系统通过地热井取热,输出高温蒸汽或热水,驱动吸收式热泵机组,制取夏季制冷所需冷冻水或冬季采暖所需热水,输入用户端制冷/采暖末端系统。

图4-1 地热吸收式热泵系统循环原理

4.1.2 地热吸收式热泵系统类型

根据制热目的的不同,地热吸收式热泵系统可分为第一类地热吸收式热泵系统和第二类地热吸收式热泵系统。第一类地热吸收式热泵系统也称为增热型地源热泵系统,利用高温驱动热源(地热蒸汽、地热水等),把低温热能提升为中温可用热能,并且输出的热量大于驱动热源输入的热量,从而提高热能的利用效率。第二类地热吸收式热泵系统也称为升温型地源热泵系统或热变换器系统,利用大量的中温热能产生高温蒸汽或热水,从而提高热能的利用品位。

根据循环流程的不同,地热吸收式热泵系统可分为单级形式、两级形式、多级形式及其他高级形式。其中,单级地热吸收式热泵系统是最简单的类型,并且在商业设备中的应用最为广泛;两级地热吸收式热泵系统对驱动热源温度的要求(70~100℃)相对较低,适用于低品位地热资源开发利用;多级地热吸收式热泵系统及其他高级形式的地热吸收式热泵系统虽然具有较好的热力性能,但一般要求较高的驱动热源温度,仅适用于高品位地热资源开发利用。因此,应根据地热资源情况及其具体应用场景选择合适的地热吸收式热泵系统,以拓宽地热资源的应用范围。

4.1.3 地热吸收式热泵系统特点

地热吸收式热泵系统具有如下优点。

（1）利用可再生能源

地热吸收式热泵系统通常以中、低温地热能为驱动热源，而传统的压缩式热泵系统以高品位电能为驱动热源。地热能是一种可再生的清洁能源，具有热流密度大、分布广、使用方便、稳定可靠等优点。

（2）高效节能，运行稳定

地热吸收式热泵系统的驱动热源为地热能，其温度常年稳定，而常规的空气源热泵系统易受到外界天气条件的影响，在夏季高温天气和冬季寒冷天气下，压缩式热泵的运行效率显著下降。地热吸收式热泵系统的运行稳定可靠、效率更高，同时运行费用更低。

（3）应用范围广，使用寿命长

地热吸收式热泵系统对驱动热源的适用范围更广，不仅可以制冷、供暖，还可以提供生活热水，实现了"一机多用"。整个地热吸收式热泵系统的运动部件少、运转磨损小、噪声小、故障少，运行简单可靠，自动化程度高，使用寿命可达20年以上。

4.2 地热吸收式热泵工质对

地热吸收式热泵工质对由制冷剂和吸收剂组成，制冷剂和吸收剂通常为纯物质，也可为混合物。制冷剂和吸收剂是沸点不同的两种物质，低沸点的组分为制冷剂，高沸点的组分为吸收剂。地热吸收式热泵工质对的基本要求如下：

① 吸收剂的沸点要比制冷剂的沸点高，并且相差越大越好；

② 在吸收剂中，制冷剂的溶解度较高；

③ 吸收剂具有吸收比它温度低的制冷剂蒸气的能力，避免出现结晶现象；

④ 价格低，来源广，容易获得。

常用的地热吸收式热泵工质对是溴化锂水溶液和氨水溶液。为了进一步提升地热吸收式热泵的性能，研究人员开发了一些新型工质对。

4.2.1　溴化锂水溶液的性质

溴化锂水溶液是由固体溴化锂和水组成的双组分溶液,其中溴化锂(LiBr)为吸收剂,水为制冷剂。溴化锂在常温下是白色晶体,与食盐(或氯化钠)的性质相似,在大气环境中不变质、不挥发、不分解。溴化锂的基本性质(在标准状况下)如表 4-1 所示。

表 4-1　溴化锂的基本性质

	相对分子质量	质量分数	密度/(kg/m³)	沸点/℃	熔点/℃
数据	86.841	Li: 7.99% Br: 92.01%	3 464	1 265	549

溴化锂水溶液是无色透明液体,无毒,不可与皮肤、眼睛直接接触。溴化锂水溶液对水蒸气的吸收性非常好,并且其中溴化锂的质量分数越高,其吸收水蒸气的能力就越强。

溴化锂水溶液对金属具有一定腐蚀性,影响其腐蚀作用的主要因素是氧气、温度、溶液 pH 及溴化锂的质量分数。为了降低溴化锂水溶液的腐蚀性,通常在其中添加特殊的腐蚀抑制剂(缓蚀剂),常用的缓蚀剂包括钼酸锂、铬酸锂等。

溴化锂极易溶于水,常温下饱和溶液中溴化锂的质量分数接近 60%。溴化锂在溶液中的溶解度随温度的降低而降低,溶液中溴化锂的质量分数不宜超过 66%,否则在运行中,当溶液温度降低时,会有溴化锂结晶析出,影响溴化锂吸收式热泵的运行安全和可靠性。

溴化锂水溶液的密度与温度和质量分数有关。当溶液温度一定时,其密度随着溴化锂质量分数的增大而增大;当溴化锂质量分数一定时,随着溶液温度升高,其密度减小。在实际使用时,可使用密度计测量溴化锂水溶液的密度。在室温下,溴化锂质量分数为 60% 的溴化锂水溶液的密度约为 1 700 kg/m³。

1. 制冷剂热物性方程

(1) 水的饱和蒸气压

水作为溴化锂水溶液中的制冷剂,纯水的饱和蒸气压计算公式如下:

$$p_{sat} = 2 \times 10^{-12}t^6 - 3 \times 10^{-9}t^5 + 2 \times 10^{-7}t^4 + 3 \times 10^{-5}t^3 + \qquad (4-1)$$
$$1.4 \times 10^{-3}t^2 + 4.44 \times 10^{-2}t + 0.610\,8$$

式中，p_{sat} 为水的饱和蒸气压，kPa；t 为水的温度，℃。

（2）饱和水的比焓

饱和水的比焓计算公式如下：

$$h = 418.68 + c_{pl}t_1 \qquad (4-2)$$

式中，h 为 t_1℃时饱和水的比焓，kJ/kg；c_{pl} 为水从 0℃到 t_1℃时的平均定压比热容，kJ/（kg·℃），在 0~100℃ 的温度范围内取 4.186 8 kJ/（kg·℃）；t_1 为水的饱和温度，℃。

（3）饱和水蒸气的比焓

饱和水蒸气的比焓计算公式如下：

$$h = 418.68 + c_{pl}t_1 + r \qquad (4-3)$$

$$r = 383.65\,(373.95 - t_1)^{0.316} \qquad (4-4)$$

式中，h 为 t_1℃时饱和水蒸气的比焓，kJ/kg；r 为 t_1℃时饱和水的汽化潜热，kJ/kg。

（4）过热水蒸气的比焓

过热水蒸气的比焓计算公式如下：

$$h = 418.68 + c_{pl}t_1 + r + c_{pg}(t - t_1) \qquad (4-5)$$

$$c_{pg} = 1.854\,34 + 5.722\,1 \times 10^{-4}t \qquad (4-6)$$

式中，h 为 t℃时过热水蒸气的比焓，kJ/kg；c_{pg} 为过热水蒸气从 t_1℃到 t℃时的平均定压比热容，kJ/（kg·℃）；t 为过热水蒸气的温度，℃。

2. 工质对热物性方程

（1）溴化锂水溶液的蒸气压

当溴化锂水溶液的温度在 20~210℃ 内且浓度在 40%~65% 内时，其露点温度计算公式如下：

$$T_d = \sum_{i=0}^{2} \sum_{j=0}^{3} A_{ij}\,(x - 40)^j t^i \qquad (4-7)$$

式中,T_d 为溴化锂水溶液的露点温度,℃;x 为溴化锂水溶液的浓度,%;t 为溴化锂水溶液的温度,℃。方程相关系数见表 4-2。

表 4-2　溴化锂水溶液露点温度计算方程系数表

j	A_{0j}	A_{1j}	A_{2j}
0	$-9.133\,128$	$9.439\,697\times10^{-1}$	$-7.324\,352\times10^{-5}$
1	$-4.759\,724\times10^{-1}$	$-2.882\,015\times10^{-3}$	$-1.556\,533\times10^{-5}$
2	$-5.638\,170\times10^{-2}$	$-1.345\,453\times10^{-4}$	$1.992\,657\times10^{-6}$
3	$1.108\,418\times10^{-3}$	$5.852\,133\times10^{-7}$	$-3.924\,205\times10^{-8}$

溴化锂水溶液的蒸气压采用 McNeely 提出的计算公式:

$$\lg p = k_0 + k_1/(T_d + 273.15) + k_2/(T_d + 273.15)^2 \tag{4-8}$$

式中,p 为溴化锂水溶液的蒸气压,kPa;$k_0 = 7.05$;$k_1 = -1\,603.54$;$k_2 = -104\,095.5$。

(2) 溴化锂水溶液的比热容

Rockenfeller 提出的溴化锂水溶液比热容方程有最宽的温度适用范围,而且计算结果较为可信。当溴化锂水溶液的温度在 20~210℃ 内且浓度在 40%~65% 内时,其比热容计算公式如下:

$$c_p = A_0 + A_1 x + (B_0 + B_1 x)t \tag{4-9}$$

式中,c_p 为溴化锂水溶液的比热容,kJ/(kg·℃)。方程相关系数见表 4-3。

表 4-3　溴化锂水溶液比热容计算方程系数表

i	A_i	B_i
0	$3.462\,023$	$1.349\,9\times10^{-3}$
1	$-2.679\,895\times10^{-8}$	-6.55×10^{-6}

(3) 溴化锂水溶液的密度

当溴化锂水溶液的温度在 0~200℃ 内且浓度在 20%~60% 内时,其密度计算公式如下：

$$\rho = 1\,145.36 + 4.708\,4x + 0.137\,478x^2 -$$
$$(0.333\,393 + 5.717\,49 \times 10^{-3}x)(t + 273.15) \qquad (4-10)$$

式中，ρ 为溴化锂水溶液的密度，kg/m^3。

（4）溴化锂水溶液的比焓

溴化锂水溶液的比焓是溴化锂吸收式热泵热力计算中一个极为重要的参数。在热力计算中，一般只需计算出比焓的变化量，因此需要先确定比焓的基准值。规定 0℃ 的纯水和溴化锂质量分数为 50% 的溴化锂水溶液的比焓均为 0 kJ/kg。当溴化锂水溶液的温度在 20～210℃ 内且浓度在 40%～65% 内时，其比焓计算公式如下：

$$h = (A_0 + A_1 x)t + 0.5(B_0 + B_1 x)t^2 + (D_0 + D_1 x + D_2 x^2 + D_3 x^3) \qquad (4-11)$$

式中，h 为溴化锂水溶液的比焓，kJ/kg。方程相关系数见表 4-4。

表 4-4　溴化锂水溶液比焓计算方程系数表

i	A_i	B_i	D_i
0	3.462 023	$1.349\,9 \times 10^{-3}$	162.81
1	$-2.679\,895 \times 10^{-8}$	-6.55×10^{-6}	$-6.041\,8$
2	—	—	$4.534\,8 \times 10^{-3}$
3	—	—	$1.205\,3 \times 10^{-3}$

Kaita 将式（4-11）的计算结果与其他研究者的数据进行对比，结果显示平均偏差小于 1%。因此，使用式（4-11）作为溴化锂水溶液的比焓计算公式较为可靠。

（5）溴化锂水溶液的比熵

规定 0℃ 的纯水和溴化锂质量分数为 50% 的溴化锂水溶液的比熵均为 0 kJ/(kg·K)。当溴化锂水溶液的温度在 40～210℃ 内且浓度在 40%～65% 内时，其比熵计算公式如下：

$$s = \sum_{i=0}^{3} \sum_{j=0}^{3} B_{ij} x^j (t + 273.15)^i \qquad (4-12)$$

式中,s 为溴化锂水溶液的比熵,kJ/(kg·K)。方程相关系数见表 4-5。

表 4-5 溴化锂水溶液比熵计算方程系数表

i	B_{i0}	B_{i1}	B_{i2}	B_{i3}
0	$5.127\ 558 \times 10^{-1}$	$-1.393\ 954 \times 10^{-2}$	$2.924\ 145 \times 10^{-5}$	$9.035\ 697 \times 10^{-7}$
1	$1.226\ 780 \times 10^{-2}$	$-9.156\ 820 \times 10^{-5}$	$1.820\ 453 \times 10^{-8}$	$-7.991\ 806 \times 10^{-10}$
2	$-1.364\ 895 \times 10^{-5}$	$1.068\ 904 \times 10^{-7}$	$-1.381\ 109 \times 10^{-9}$	$1.529\ 784 \times 10^{-11}$
3	$1.021\ 501 \times 10^{-8}$	0	0	0

(6) 溴化锂水溶液的黏度

当溴化锂水溶液的温度在 25~200℃内且浓度在 40%~65%内时,其黏度计算公式如下:

$$\mu = \exp[A_1 + A_2/(t + 273.15) + A_3\ln(t + 273.15)] \qquad (4-13)$$

$$A_1 = -494.122 + 16.396\ 7x - 0.145\ 11x^2$$

$$A_2 = 28\ 606.4 - 934.568x + 8.527\ 55x^2$$

$$A_3 = 70.384\ 8 - 2.350\ 14x + 0.020\ 780\ 9x^2$$

式中,μ 为溴化锂水溶液的黏度,kg/(m·s)。

(7) 溴化锂水溶液的导热系数

溴化锂水溶液的导热系数计算公式如下:

当溴化锂水溶液的温度 $t \geq 40℃$时,有

$$\lambda = \lambda_1 + D_{12} \qquad (4-14)$$

$$\lambda_1 = -0.308\ 1\left(\frac{x}{100}\right) + 0.629\ 79$$

$$\lambda_2 = -0.319\ 179\ 5\left(\frac{x}{100}\right) + 0.653\ 88$$

$$D_{12} = [(\lambda_2 - \lambda_1)/20](t - 40)$$

当溴化锂水溶液的温度 $t < 40℃$时,有

$$\lambda = \lambda_1 + D_{13} \tag{4-15}$$

$$\lambda_1 = -0.308\,1\left(\frac{x}{100}\right) + 0.629\,79$$

$$\lambda_3 = -0.291\,897\left(\frac{x}{100}\right) + 0.598\,21$$

$$D_{13} = \left[(\lambda_3 - \lambda_1)/20\right](40 - t)$$

式中,λ 为溴化锂水溶液的导热系数,$W/(m \cdot ℃)$。

（8）溴化锂水溶液的结晶温度

溴化锂极易溶于水,溴化锂在 20℃ 时的溶解度是食盐的 3 倍。但是随着温度降低,溴化锂的溶解度也降低。在一定温度下,溴化锂水溶液处于饱和状态,若此时温度降低,则超出该温度下溶解度的溴化锂会和水结合形成溴化锂水合物并以晶体的形式析出。对于溴化锂吸收式热泵,溴化锂水溶液需要一直保持液体状态,避免发生溶液结晶,影响溴化锂吸收式热泵的正常运行。

当溴化锂水溶液的浓度在 55%~70% 内时,其结晶温度计算公式如下:

$$t_{cr} = a_0 + a_1 x + a_2 x^2 + a_3 x^3 + a_4 x^4 \tag{4-16}$$

式中,t_{cr} 为溴化锂水溶液的结晶温度,℃。方程相关系数见表 4-6。

表 4-6　溴化锂水溶液结晶温度计算方程系数表

x	a_0	a_1	a_2	a_3	a_4
0.55~0.648 6	−99 431.6	640 904.8	−1 554 210.1	1 679 810.5	−682 200.4
0.648 6~0.7	−1 971 562.55	11 592 300	−25 564 000	25 058 400	−9 211 210

4.2.2　氨水溶液的性质

氨水溶液是氨气溶于水后形成的双组分溶液,其中氨(NH_3)为制冷剂,水为吸收剂。氨作为一种自然工质,其臭氧损耗潜能和全球变暖潜能均为零,具有良好的热力学性质,蒸发潜热较大、压力适中,并且价格便宜。

在标准状况下,氨气的熔点为-77.7℃,沸点为-33.5℃,密度为 0.771 g/L,相对分子质量为 17.03,比空气轻。在温度为 25℃、压力为 1 MPa 的条件下,氨气可变为液体进行储存和运输。氨气易溶于水、乙醇,所得溶液易挥发,与碱溶液的性质较为类似。

氨水溶液无色透明且有刺激性气味,氨气有毒,对人的呼吸系统、皮肤有刺激性和腐蚀性。但是,氨气的强烈刺激性气味为系统运行和维护起到了警示作用,即使系统中出现非常少的泄漏也很容易被察觉。氨水溶液对铜的腐蚀作用比较强,对钢材的腐蚀作用不大,因此氨水吸收式热泵中常用的材料是碳钢和不锈钢。

1. 制冷剂热物性方程

(1)氨的饱和蒸气压

氨作为氨水溶液中的制冷剂,纯氨的饱和蒸气压采用 Sun 提出的计算公式:

$$p(t) = 10^3 \sum_{i=0}^{6} a_i t^i \tag{4-17}$$

式中,p 为氨的饱和蒸气压,kPa;t 为氨的温度,℃。方程相关系数见表 4-7。

表 4-7 制冷剂氨热力计算方程系数表

i	a_i	b_i	d_i
0	$4.287\ 1 \times 10^{-1}$	$1.987\ 9 \times 10^{2}$	$1.463\ 3 \times 10^{3}$
1	$1.600\ 1 \times 10^{-2}$	$4.464\ 4$	$1.283\ 9$
2	$2.365\ 2 \times 10^{-4}$	$6.279\ 0 \times 10^{-3}$	$-1.150\ 1 \times 10^{-2}$
3	$1.613\ 2 \times 10^{-6}$	$1.459\ 1 \times 10^{-4}$	$-2.152\ 3 \times 10^{-4}$
4	$2.430\ 3 \times 10^{-9}$	$-1.526\ 2 \times 10^{-6}$	$1.905\ 5 \times 10^{-6}$
5	$-1.249\ 4 \times 10^{-11}$	$-1.806\ 9 \times 10^{-8}$	$2.560\ 8 \times 10^{-8}$
6	$1.274\ 1 \times 10^{-13}$	$1.905\ 4 \times 10^{-10}$	$-2.596\ 4 \times 10^{-10}$

(2)氨的饱和液相比焓

氨的饱和液相比焓计算公式如下:

$$h_1(t) = \sum_{i=0}^{6} b_i t^i \tag{4-18}$$

式中,h_1 为氨的饱和液相比焓,kJ/kg。方程相关系数见表 4-7。

（3）氨的饱和气相比焓

氨的饱和气相比焓计算公式如下：

$$h_g(t) = \sum_{i=0}^{6} d_i t^i \qquad (4-19)$$

式中，h_g 为氨的饱和气相比焓，kJ/kg。方程相关系数见表 4-7。

2. 工质对热物性方程

（1）氨水溶液的蒸气压

氨水溶液的蒸气压采用 Sun 提出的计算公式：

$$\lg p = A - \frac{B}{t + 273.15} \qquad (4-20)$$

$$A = 7.44 - 1.767x + 0.982\,3x^2 + 0.362\,7x^3$$

$$B = 2\,013.8 - 2\,155.7x + 1\,540.9x^2 - 194.7x^3$$

式中，p 为氨水溶液的蒸气压，kPa；t 为氨水溶液的温度，℃；x 为氨气在氨水溶液中的质量分数。

（2）氨水溶液的比热容

氨水溶液的比热容计算公式如下：

$$c_p = x c_{p_{NH_3}, T_{NH_3}^*} + (1-x) c_{p_{H_2O}, T_{H_2O}^*} \qquad (4-21)$$

$$c_{p, T^*} = A_{cp} + B_{cp} \tau^{-1} \qquad (4-22)$$

$$\tau \equiv 1 - \theta \equiv 1 - \frac{T^*}{T_c}$$

$$\theta \equiv \frac{T_{sol}}{T_{c, sol}} = \frac{T_{NH_3}^*}{T_{c, NH_3}} = \frac{T_{H_2O}^*}{T_{c, H_2O}}$$

式中，c_p 为氨水溶液的比热容，kJ/(kg·K)；c_{p, T^*} 为纯组分物质在 T^* K 下的比热容，kJ/(kg·K)；T、T^* 为温度，K；T_c 为临界温度，K；下标 sol 表示溶液。方程相关系数见表 4-8。

（3）氨水溶液的比体积

氨水溶液的比体积计算公式如下：

$$v(t,x) = \sum_{j=0}^{3} \sum_{i=0}^{3} a_{ij} t^i x^j \qquad (4-23)$$

式中，v 为氨水溶液的比体积，m^3/kg。方程相关系数见表 4-9。

表 4-8　氨水溶液比热容计算方程系数表

	A_{cp}	B_{cp}
NH_3	3.875 648	0.242 125
H_2O	3.665 785	0.236 312

表 4-9　氨水溶液比体积计算方程系数表

i	j	a_{ij}	i	j	a_{ij}
0	0	$9.984\,2 \times 10^{-4}$	0	2	$-1.200\,6 \times 10^{-4}$
1	0	$-7.816\,1 \times 10^{-8}$	1	2	$-1.056\,7 \times 10^{-5}$
2	0	$8.760\,1 \times 10^{-9}$	2	2	$2.405\,6 \times 10^{-7}$
3	0	$-3.907\,6 \times 10^{-11}$	3	2	$-1.985\,1 \times 10^{-9}$
0	1	$3.548\,9 \times 10^{-4}$	0	3	$3.242\,6 \times 10^{-4}$
1	1	$5.226\,1 \times 10^{-6}$	1	3	$9.889\,0 \times 10^{-6}$
2	1	$-8.413\,7 \times 10^{-8}$	2	3	$-1.871\,5 \times 10^{-7}$
3	1	$6.481\,6 \times 10^{-10}$	3	3	$1.772\,7 \times 10^{-9}$

（4）氨水溶液的比焓

氨水溶液的比焓计算公式如下：

$$h(T,\bar{x}) = 100 \sum_{i=1}^{16} a_i \left(\frac{T}{273.15} - 1 \right)^{m_i} \bar{x}^{n_i} \qquad (4-24)$$

式中，h 为氨水溶液的比焓，kJ/kg；T 为氨水溶液的温度，K；$\bar{x}$ 为氨气的物质的量分数，其计算公式为

$$\bar{x} = \frac{18.015x}{18.015x + 17.03(1 - x)} \tag{4-25}$$

式中，x 为氨气的质量分数。其他方程相关系数见表 4-10。

表 4-10　氨水溶液比焓计算方程系数表

i	m_i	n_i	a_i
1	0	1	$-0.761\,080\times10$
2	0	4	$0.256\,905\times10^2$
3	0	8	$-0.247\,092\times10^3$
4	0	9	$0.325\,952\times10^3$
5	0	12	$-0.158\,854\times10^3$
6	0	14	$0.619\,084\times10^2$
7	1	0	$0.114\,314\times10^2$
8	1	1	$0.118\,157\times10$
9	2	1	$0.284\,179\times10$
10	3	3	$0.741\,609\times10$
11	5	3	$0.891\,844\times10^3$
12	5	4	$-0.161\,309\times10^4$
13	5	5	$0.622\,106\times10^3$
14	6	2	$-0.207\,588\times10^3$
15	6	4	$-0.687\,393\times10$
16	8	0	$0.350\,716\times10$

（5）氨水溶液的比熵

氨水溶液的比熵与吉布斯过剩自由能相关。氨水溶液的吉布斯过剩自由能计算公式如下：

$$G_r^E = \left[F_1 + F_2(2x - 1) + F_3 (2x - 1)^2 \right] (1 - x) \tag{4-26}$$

$$F_1 = E_1 + E_2 p_r + (E_3 + E_4 p_r) T_r + E_5/T_r + E_6/T_r^2$$

$$F_2 = E_7 + E_8 p_r + E_9 E_{10} p_r T_r + E_{11}/T_r + E_{12}/T_r^2$$

$$F_3 = E_{13} + E_{14} p_r + E_{15}/T_r + E_{16}/T_r^2$$

式中, G_r^E 为氨水溶液的吉布斯过剩自由能, kJ/kmol; $p_r = p/p_B$, 其中 $p_B = 10$ bar[①]; $T_r = T/T_B$, 其中 $T_B = 100$ K。方程相关系数见表 4-11。

表 4-11　氨水溶液吉布斯过剩自由能计算方程系数表

E_1	-41.733 398	E_9	0.387 983
E_2	0.024 14	E_{10}	-0.004 772
E_3	6.702 285	E_{11}	-4.648 107
E_4	-0.011 475	E_{12}	0.836 376
E_5	63.608 967	E_{13}	-3.553 627
E_6	-62.490 768	E_{14}	0.000 904
E_7	1.761 064	E_{15}	24.361 723
E_8	0.008 626	E_{16}	-20.736 547

氨水溶液的吉布斯超额熵计算公式如下:

$$s^E = - R \left(\frac{\partial G_r^E}{\partial T_r} \right)_{p_r, x} \tag{4-27}$$

式中, s^E 为氨水溶液的吉布斯超额熵, kJ/(kg·K)。

氨水溶液的比熵计算公式如下:

$$s_m^L = x_f s_a^L + (1 - x_f) s_w^L + s^E + s_{mix} \tag{4-28}$$

$$s_{mix} = - R[x_f \ln x_f + (1 - x_f) \ln(1 - x_f)] \tag{4-29}$$

式中, s_m^L 为氨水溶液的比熵, kJ/(kg·K); s_{mix} 为组分物质混合的熵变, kJ/(kg·K); 上

---

① 　1 bar = 100 kPa。

标 L 代表液态;下标 a 和 w 分别代表 NH_3 和 H_2O;下标 f 表示氨水溶液处于饱和状态。

（6）氨水溶液的动力黏度

氨水溶液的动力黏度计算公式如下：

$$\ln \eta = x \ln \eta_{NH_3, T_{NH_3}^*} + (1-x) \ln \eta_{H_2O, T_{H_2O}^*} + \Delta \eta_{T_{sol, x}} \tag{4-30}$$

$$\Delta \eta_{T_{sol, x}} = \left(0.534 - 0.815 \frac{T_{sol}}{T_{c, H_2O}} \right) F(x)$$

$$F(x) = 6.38 (1-x)^{1.125x} \left[1 - e^{-0.585x(1-x)^{0.18}} \right] \ln \left(\eta_{NH_3, T_{NH_3}^*}^{0.5} \eta_{H_2O, T_{H_2O}^*}^{0.5} \right)$$

式中，η 为氨水溶液的动力黏度，$\mu Pa \cdot s$；T_{sol} 为氨水溶液的温度，K；T_c 为临界温度，K；T^* 为纯组分物质的温度，K；x 为氨水溶液中氨的质量分数。

（7）氨水溶液的导热系数

氨水溶液的导热系数计算公式如下：

$$\lambda = \sum_{i=0}^{3} A_i (t + 273.15)^i \tag{4-31}$$

式中，λ 为氨水溶液的导热系数，$mW/(m \cdot K)$。方程相关系数见表 4-12。

表 4-12　氨水溶液导热系数计算方程系数表

i	A_i	i	A_i
0	0.089 022 75	2	-0.002 401
1	-0.692 35	3	0

4.2.3　新型工质对的研究

溴化锂水溶液和氨水溶液在吸收式热泵中的应用较为广泛，但同时存在一些缺点，限制这两种工质对在不同吸收式循环中的应用。例如，溴化锂水溶液存在易结晶及不能在低于 0℃ 的蒸发温度下工作的缺点；氨水溶液虽然可以适应较低的蒸发温度，但因为氨和水的沸点相差不大，所以需要精馏设备来提高制冷剂的纯度，系统较为复杂，且出于安全考虑而不能在某些设备中使用。因此，研究人员从提高系统效率、避免结晶、避免精馏、提高安全性及可持续性等方面不断地寻找适用于不同吸收式循环的最佳工质对。在新型工质对的研究中,常用的制冷剂包括水、氨、二氧化碳及醇类等,同时研究人员针对传统工质对溴化锂水溶液、氨水溶液的缺点进行了改进。

（1）水作为制冷剂

研究人员在溴化锂水溶液中添加甲酸钾（CHO_2K）和甲酸钠（CHO_2Na）,发现 $H_2O+LiBr+CHO_2K/CHO_2Na$ 工质对能够降低吸收式热泵发生器所需驱动温度,并且新工质对较溴化锂水溶液的密度和黏度变小、腐蚀性降低。因此,$H_2O+LiBr+CHO_2K/CHO_2Na$ 可以作为溴化锂水溶液的替代工质对。研究人员还将硝酸锂（$LiNO_3$）、碘化锂（LiI）和氯化锂（$LiCl$）等加入溴化锂水溶液中,可以降低吸收式循环中的结晶风险。

离子液体是一种新型的吸收剂,由有机阳离子和有机或无机阴离子组成,具有吸收性好、蒸气压几乎为零、稳定性好、与其他制冷剂混合时溶解度高等特点。Yokozeki 和 Shiflett 对比分析了 12 种水/离子液体工质对在吸收式制冷系统中的循环性能,发现水/离子液体工质对可以作为溴化锂水溶液的替代工质对。与溴化锂水溶液相比,$H_2O/[EMIM][DMP]$工质对的性能系数相近,但吸收式循环中的结晶风险和腐蚀性有所降低。Dong 等研究了不同的水/离子液体工质对,发现含有卤素、磷酸根阴离子的离子液体适用于吸收式工质对,例如[DMIM][Cl]和[DMIM][DMP]。

（2）氨作为制冷剂

在氨水溶液工质对改进方面,研究人员在氨水溶液中添加溴化锂,发现能够减少进入精馏设备的水蒸气量,降低精馏损失,提高系统效率。将氢氧化钠（NaOH）加入氨水溶液中,可以提高发生器中氨的分离效率,并降低驱动热源温度和精馏损失,其性能系数较氨水溶液提高约 20%。Libotean 等在氨水溶液中添加硝酸锂（$LiNO_3$）,发现 $NH_3+H_2O+LiNO_3$ 三元工质对较氨水溶液的传热系数变大、黏度变小。

为了避免精馏损失、简化系统结构,研究人员对以氨为制冷剂的新型工质对进行了研究。其中,较为常见的工质对是二元氨/盐溶液——氨/硝酸锂（$LiNO_3$）溶液和氨/硫氰酸钠（NaSCN）溶液。硝酸锂和硫氰酸钠在液氨中的溶解度高,形成的氨/盐溶液对钢材无腐蚀性,并且工质对中制冷剂和吸收剂的沸点相差较大。在氨/盐吸收式循环中,气相由纯氨蒸气组成,系统中无须精馏装置,从而简化吸收式热泵系统结构,在降低系统运行成本的同时提高系统可靠性。但是,在溶液浓度较高和溶液温度较低的情况下,氨/盐溶液存在一定的结晶风险。Sun 等分析对比了 NH_3/H_2O、$NH_3/$

LiNO$_3$ 和 NH$_3$/NaSCN 吸收式制冷系统,仿真结果表明 NH$_3$/LiNO$_3$ 和 NH$_3$/NaSCN 可以作为 NH$_3$/H$_2$O 的替代工质对,并且 NH$_3$/LiNO$_3$ 工质对和 NH$_3$/NaSCN 工质对的性能系数均略高于 NH$_3$/H$_2$O 工质对。

氨/离子液体作为一种新型工质对被用于吸收式热泵中,其不仅避免氨水溶液的精馏损失,还不存在氨/盐溶液的结晶风险。研究人员发现,较为理想的氨/离子液体工质对具有组分摩尔质量小、溶液比热容低和吸收能力强等特点。Swarnkar 等分析了以氨/离子液体作为工质对、水作为助溶剂的吸收式循环,分析结果显示在加入水后,氨/离子液体在吸收式热泵系统中的循环倍率大幅下降,设备体积减小,而系统的性能系数仅略有下降。Wang 和 Ferreira 对比分析了 9 种氨/离子液体工质对在单级吸收式热泵中的性能,结果表明部分氨/离子液体工质对的性能系数高于氨水溶液。

(3) 二氧化碳作为制冷剂

二氧化碳是一种环境友好型的自然工质,具有化学性质稳定、产热损失少、经济性好等优点。离子液体具有很强的二氧化碳吸收能力,研究人员利用二氧化碳作为吸收式制冷系统中的制冷剂,筛选合适的离子液体作为吸收剂,并将二氧化碳/离子液体工质对用于吸收式制冷系统中,发现无须精馏装置,可以降低系统运行成本。Martín 等对二氧化碳/离子液体吸收式制冷系统进行了详细的热力学分析,测试了不同的离子液体,完善了二氧化碳/离子液体在吸收式制冷系统中的理论基础。何丽娟等针对二氧化碳/离子液体吸收式制冷系统性能系数低的问题,提出了一种新型的双低品位热驱动的吸收式制冷系统,与传统的二氧化碳/离子液体吸收式制冷系统相比,新系统不仅可以连续工作,还有较高的制冷效率。

(4) 醇类作为制冷剂

醇类制冷剂具有很好的热稳定性,适用于输出温度较高的吸收式热泵中。Xu 等提出了一种新型醇类工质对 2,2,2-三氟乙醇(TFE)/N-甲基吡咯烷酮(NMP),与溴化锂水溶液和氨水溶液相比,发现其具有工作温度范围宽、工作压力低、安全性好等优点。但是,由于 TFE 和 NMP 的沸点相差较小,因此吸收式热泵系统中需要精馏装置。Chen 等研究了醇/离子液体工质对在吸收式制冷系统中的热力学性能,结果表明吸收式制冷系统中醇/离子液体工质对的循环倍率高于溴化锂水溶液,其性能系数高于氨水溶液,但低于溴化锂水溶液。在较高的驱动热源温度下,相较于溴化锂水溶液,醇/离子液体工质对可以保持较高的性能系数。

（5）其他制冷剂

离子液体也是碳氟化合物较为理想的吸收剂。Kim 等比较了 5 种碳氟化合物/离子液体工质对在吸收式制冷系统中的理论性能,结果表明 R152a(1,1－二氟乙烷)/离子液体工质对的制冷量与泵功之比最大,R32(二氟甲烷)/离子液体工质对的性能系数最高,而 R143a(1,1,1－三氟乙烷)/离子液体工质对的性能系数最低。

研究人员还对丙酮(C_3H_6O)/溴化锌($ZnBr_2$)工质对在吸收式制冷系统中的性能进行了理论分析,并在较低的发生温度条件下进行了实验验证,结果表明 C_3H_6O/$ZnBr_2$ 工质对的仿真结果和实验结果吻合较好,而且该工质对可以在发生温度为 50℃时正常运行。

4.3　地热吸收式热泵循环及计算分析

4.3.1　吸收式热泵循环

根据制热目的的不同,吸收式热泵分为第一类吸收式热泵和第二类吸收式热泵。两类吸收式热泵的能量转换对比如图 4－2 所示。

图 4－2　两类吸收式热泵的能量转换对比

（1）第一类吸收式热泵

第一类吸收式热泵利用少量的高品位热能驱动发生器,从低温热源回收低品位热能,释放出大量的满足用户需求的介于高品位热能与低品位热能之间的中间品位热能。与输入吸收式热泵的高品位热能相比,虽然所得热能的品位降低,但其数量增加,因此这种吸收式热泵也称为增热型热泵。

通常提到的吸收式热泵多为第一类吸收式热泵。以第一类单级溴化锂吸收式热泵为例,图4-3为第一类单级溴化锂吸收式热泵循环。该吸收式热泵主要由发生器、冷凝器、蒸发器、吸收器、溶液节流阀、溶液热交换器、溶液泵等部件构成。第一类单级吸收式热泵循环过程主要分为两部分:溶液循环过程和工质循环过程。其中,溴化锂溶液仅在发生器和吸收器中循环,冷凝器和蒸发器中只有液态水和水蒸气循环。

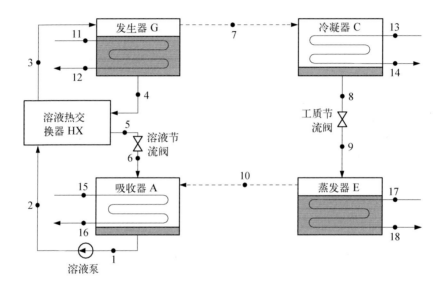

图4-3　第一类单级溴化锂吸收式热泵循环

第一类单级溴化锂吸收式热泵循环中各状态点的特性如下:

1点:吸收器出口浓度为ξ_1的稀溶液。

2点:经溶液泵升压的稀溶液。

3点:经溶液热交换器升温,而后进入发生器的稀溶液。

4点:发生器出口浓度为ξ_2的浓溶液。

5点:经溶液热交换器降温的浓溶液。

6点:经溶液节流阀降压,而后进入吸收器的浓溶液。

7点:发生器出口冷凝压力下的水蒸气。

8点:冷凝器出口冷凝压力下的饱和水。

9点:经工质节流阀降压的蒸发压力下的饱和水蒸气和饱和水。

l0点:蒸发器出口蒸发压力下的水蒸气。

11 点：发生器进口的驱动热源载热流体。

12 点：发生器出口的驱动热源载热流体。

13 点：冷凝器进口的供热载热流体。

14 点：冷凝器出口的供热载热流体。

15 点：吸收器进口的供热载热流体。

16 点：吸收器出口的供热载热流体。

17 点：蒸发器进口的低温热源载热流体。

18 点：蒸发器出口的低温热源载热流体。

其工作过程如下：发生器中的稀溶液被驱动热源加热产生高温高压水蒸气，随后进入冷凝器放热变为高温高压水，而后经工质节流阀变为低温低压水后进入蒸发器，接着吸收低温热源的热量变为水蒸气，水蒸气进入吸收器中被吸收放热。稀溶液和浓溶液不断循环，维持发生器、吸收器中液位、溶液浓度、温度和压力的稳定。

在第一类单级溴化锂吸收式热泵循环中，溶液泵只提供输送溶液时克服管道阻力和势能所需的动力，消耗的机械功很小。因此，如果忽略溶液泵消耗的能量及热泵与外界环境的热交换量，那么理想的第一类单级溴化锂吸收式热泵循环过程的总输入热量为通过发生器和蒸发器所吸收热量的和，即 Q_G+Q_E，总输出热量为通过冷凝器和吸收器所释放热量的和，即 Q_C+Q_A。系统在稳定工况下输入和输出的热量相等，即

$$Q_G + Q_E = Q_C + Q_A \qquad (4-32)$$

或

$$q_G + q_E = q_C + q_A \qquad (4-33)$$

式中，Q_G 为发生器的热负荷，kW；Q_E 为蒸发器的热负荷，kW；Q_C 为冷凝器的热负荷，kW；Q_A 为吸收器的热负荷，kW；q 为单位热负荷，即 1 kg 制冷剂对应的热负荷，kJ/kg。

以上两式为第一类单级吸收式热泵的热平衡式。

在设计计算时，可以用热平衡式验证各换热设备的热负荷计算是否准确，一般应使计算相对误差满足式(4-34)要求。

$$\left| \frac{(q_G + q_E) - (q_C + q_A)}{q_G + q_E} \right| \leqslant 1\% \qquad (4-34)$$

吸收式热泵的性能系数,指的是系统运行时释放的热量与消耗的热量之比。定义第一类单级吸收式热泵供热工况的性能系数 COP_H 如下:

$$COP_H = \frac{Q_C + Q_A}{Q_G} = \frac{Q_G + Q_E}{Q_G} = 1 + \frac{Q_E}{Q_G} = 1 + \frac{q_E}{q_G} \qquad (4-35)$$

由式(4-35)可见,第一类单级吸收式热泵供热工况的性能系数大于1。第一类单级溴化锂吸收式热泵供热工况的性能系数可达1.6~1.7。

定义第一类单级吸收式热泵制冷工况的性能系数 COP_L 如下:

$$COP_L = \frac{Q_E}{Q_G} \qquad (4-36)$$

(2)第二类吸收式热泵

第二类吸收式热泵利用大量的中间品位热能与冷却水存在的温差作为驱动力,产生少量的高品位热能后被再次利用,但是这种利用温差传热所产生的驱动力需要以传递大量的热能给冷却水为代价,因此这种吸收式热泵也称为升温型热泵。

第二类单级溴化锂吸收式热泵循环如图4-4所示。该吸收式热泵主要由发生器、冷凝器、蒸发器、吸收器、溶液泵、工质泵、溶液热交换器等部件组成。在第二类单级吸收式热泵中,发生器和冷凝器处于低压区,蒸发器和吸收器处于高压区。第二类单级吸收式热泵以中温余热为驱动力,利用中温余热和低温废热之间的热势差,制取热量少于但温度高于中温余热的高温热能,从而提高了部分余热的品位。在整个系统中,除了消耗少量的泵功,不需要额外输入高温有用能,因而节能效果显著。第二类单级吸收式热泵以获得少量的高品位热能为目的,虽然其主要换热部件与第一类单级吸收式热泵的相似,但其工作过程与第一类单级吸收式热泵的有明显的不同。整个热泵循环过程主要分为两部分:溶液循环过程和工质循环过程。

第二类单级溴化锂吸收式热泵循环中各状态点的特性如下:

1点:经溶液节流阀降压,而后进入发生器的稀溶液。

2点:经溶液热交换器降温的稀溶液。

3点:吸收器出口浓度为 ξ_2 的稀溶液。

4点:经溶液热交换器升温,而后进入吸收器的浓溶液。

5点:经溶液泵升压,而后进入溶液热交换器的浓溶液。

6点:发生器出口浓度为 ξ_1 的浓溶液。

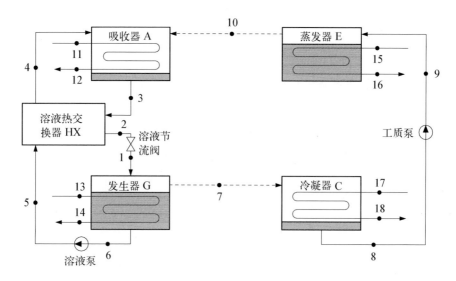

图 4-4　第二类单级溴化锂吸收式热泵循环

7 点：发生器出口冷凝压力下的水蒸气。

8 点：冷凝器出口冷凝压力下的饱和水。

9 点：经工质泵升压,而后进入蒸发器的凝结水。

10 点：蒸发器出口蒸发压力下的水蒸气。

11 点：吸收器进口的供热载热流体。

12 点：吸收器出口的供热载热流体。

13 点：发生器进口的热源载热流体。

14 点：发生器出口的热源载热流体。

15 点：蒸发器进口的热源载热流体。

16 点：蒸发器出口的热源载热流体。

17 点：冷凝器进口的冷却流体。

18 点：冷凝器出口的冷却流体。

溶液循环过程：从发生器流出的浓度为 ξ_1 的浓溶液(6 点)经溶液泵升压(5 点)后进入溶液热交换器,在其中吸收来自吸收器的稀溶液的热量,溶液温度升高(4 点)后进入吸收器;在吸收器中,浓溶液吸收工质水蒸气,吸收过程产生的热量由高温热源(热水)吸收,达到 ξ_2 浓度时变为稀溶液(3 点)后离开吸收器;通过溶液热交换器降温(2 点)和溶液节流阀降压(1 点),稀溶液进入发生器;在发生器中,稀溶液吸收中温热源的热量,产生低压工质水蒸气(7 点),同时溶液浓度增大,达到 ξ_1 浓度时流出发生器。

工质循环过程:由发生器产生的低压工质水蒸气(7 点)进入冷凝器,在其中被冷却介质冷却,工质由蒸汽凝结为水;凝结水(8 点)由工质泵升压(9 点)进入蒸发器;在蒸发器中,高压工质水吸收中温热源的热量,变为高压工质水蒸气(10 点)后进入吸收器;在吸收器中,高压工质水蒸气被来自发生器的浓溶液吸收,然后通过溶液热交换器和溶液节流阀回到发生器中,开始下一个工质循环。

在第二类单级溴化锂吸收式热泵循环中,忽略溶液泵和工质泵消耗的机械功及其他热损失,由热力学第一定律得到如下平衡关系式:

$$Q_G + Q_E = Q_A + Q_C \tag{4-37}$$

即循环吸收的热量等于循环释放的热量。

由此,定义第二类单级吸收式热泵的性能系数 COP 如下:

$$COP = \frac{Q_A}{Q_G + Q_E} = \frac{Q_A}{Q_A + Q_C} = 1 - \frac{Q_C}{Q_A + Q_C} \tag{4-38}$$

由式(4-38)可见,第二类单级吸收式热泵的性能系数小于 1。第二类单级溴化锂吸收式热泵的性能系数可达 0.5 左右。

4.3.2　吸收式热泵部件的热力过程

以第一类单级溴化锂吸收式热泵为例进行热力分析,忽略溶液泵的泵功及其他热损失,其中发生器、冷凝器、蒸发器、吸收器和溶液热交换器的热负荷可以根据各自的热平衡分别计算得出。

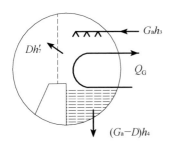

图 4-5　发生器的热平衡

（1）发生器

发生器的热平衡如图 4-5 所示。进入发生器的稀溶液的质量流量为 G_a,质量分数为 ξ_1,比焓为 h_3;驱动热源输入热量为 Q_G;离开发生器的工质水蒸气的质量流量为 D,比焓为 h_7';流出发生器的浓溶液的质量流量为 G_a-D,质量分数为 ξ_2,比焓为 h_4。因此,在稳定工况下,发生器的热平衡方程为

$$Q_G + G_a h_3 = D h'_7 + (G_a - D) h_4 \tag{4-39}$$

等式两边同时除以 D，得

$$\frac{Q_G}{D} + \frac{G_a h_3}{D} = h'_7 + \left(\frac{G_a}{D} - 1\right) h_4 \tag{4-40}$$

式中，$Q_G/D = q_G$ 表示发生器的单位热负荷，即发生器中产生 1 kg 工质水蒸气所需的加热量，kJ/kg；$G_a/D = a$ 表示溶液的循环倍率，即发生器中产生 1 kg 工质水蒸气所需的稀溶液的质量流量。则式（4-40）可改写为

$$q_G = h'_7 + (a - 1) h_4 - a h_3 \tag{4-41}$$

发生器中的溴化锂的质量平衡方程为

$$G_a \xi_1 = (G_a - D) \xi_2 \tag{4-42}$$

等式两边同时除以 D，并代入 $G_a/D = a$，得

$$a = \frac{\xi_2}{\xi_2 - \xi_1} \tag{4-43}$$

式中，$\xi_2 - \xi_1$ 表示浓溶液和稀溶液的浓度差，被称为发生器的放气范围。

（2）冷凝器

冷凝器的热平衡如图 4-6 所示。进入冷凝器的工质水蒸气的质量流量为 D，比焓为 h'_7；工质水蒸气冷凝放出的热量为 Q_C；离开冷凝器的工质水的质量流量为 D，比焓为 h_8。因此，在稳定工况下，冷凝器的热平衡方程为

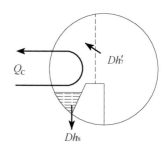

$$D h'_7 = Q_C + D h_8 \tag{4-44}$$

等式两边同时除以 D，可得

图 4-6　冷凝器的热平衡

$$g_C = h'_7 - h_8 \tag{4-45}$$

式中，$g_C = Q_C/D$ 为冷凝器中凝结 1 kg 工质水蒸气所放出的热量，kJ/kg。

（3）蒸发器

蒸发器的热平衡如图 4-7 所示。进入蒸发器的工质水的质量流量为 D，比焓为

h_9；低温热源输入热量为 Q_E；离开蒸发器的工质水蒸气的质量流量为 D，比焓为 h'_{10}。因此，在稳定工况下，蒸发器的热平衡方程为

$$Dh_9 + Q_E = Dh'_{10} \tag{4-46}$$

等式两边同时除以 D，可得

$$g_E = h'_{10} - h_9 \tag{4-47}$$

式中，$g_E = Q_E / D$ 为蒸发器中蒸发 1 kg 工质水所吸收的低温热源的热量，kJ/kg。

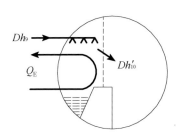

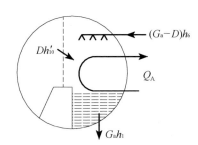

图4-7　蒸发器的热平衡　　　　　　图4-8　吸收器的热平衡

（4）吸收器

吸收器的热平衡如图4-8所示。进入吸收器的浓溶液的质量流量为 $G_a - D$，质量分数为 ξ_2，比焓为 h_6；浓溶液吸收工质水蒸气放出的热量为 Q_A；进入吸收器的工质水蒸气的质量流量为 D，比焓为 h'_{10}；流出吸收器的稀溶液的质量流量为 G_a，质量分数为 ξ_1，比焓为 h_1。因此，在稳定工况下，吸收器的热平衡方程为

$$Dh'_{10} + (G_a - D)h_6 = Q_A + G_a h_1 \tag{4-48}$$

等式两边同时除以 D，得

$$h'_{10} + \left(\frac{G_a}{D} - 1\right)h_6 = \frac{Q_A}{D} + \frac{G_a h_1}{D} \tag{4-49}$$

式中，$Q_A / D = q_A$ 表示吸收器的单位热负荷，即吸收器中吸收 1 kg 工质水蒸气所放出的热量，kJ/kg。则式（4-49）可改写为

$$q_A = h'_{10} + (a - 1)h_6 - ah_1 \tag{4-50}$$

（5）溶液热交换器

溶液热交换器的热平衡如图 4-9 所示。来自发生器的质量流量为 G_a-D、比焓为 h_4 的浓溶液与来自吸收器的质量流量为 G_a、比焓为 h_2 的稀溶液进行热交换。溶液热交换器的换热量 Q_{HX} 可以分别用浓溶液侧和稀溶液侧的换热量表示。

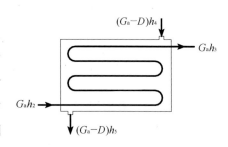

图 4-9　溶液热交换器的热平衡

在浓溶液侧，有

$$Q_{HX} = (G_a - D)(h_4 - h_5) \qquad (4-51)$$

在稀溶液侧，有

$$Q_{HX} = G_a(h_3 - h_2) \qquad (4-52)$$

对式（4-51）和式（4-52）的等式两边分别同时除以 D，得

$$q_{HX} = (a - 1)(h_4 - h_5) \qquad (4-53)$$

$$q_{HX} = a(h_3 - h_2) \qquad (4-54)$$

式中，$q_{HX} = Q_{HX}/D$ 为溶液热交换器的单位热负荷，即产生 1 kg 工质水蒸气时溶液热交换器所回收的热量，kJ/kg。

4.3.3　第一类单级溴化锂吸收式热泵循环计算及其分析

为了便于对第一类单级溴化锂吸收式热泵循环进行热力计算，对热泵循环做如下假设：① 热泵循环处于稳定运行状态；② 热泵循环各部件内压力损失和与环境的传热损失忽略不计；③ 工质水在冷凝器和蒸发器出口处均处于饱和状态；④ 溴化锂溶液在发生器和吸收器出口处均处于气液平衡状态；⑤ 溶液泵做功忽略不计；⑥ 节流是一个等焓过程。

1. 第一类单级溴化锂吸收式热泵供热工况

华北某地区为住宅小区提供地热供暖服务，末端采用地板辐射盘管，设计供、回水温度分别为 45℃、35℃。已实施一口地热井，钻井深度为 3 758 m，井口出水温度为 110℃，出水量为 70.59 m³/h（67.09 t/h）。在第一类单级溴化锂吸收式热泵供热工况下，110℃的地热水进入发生器；35℃的供暖回水依次进入吸收器和冷凝器，冷凝器出口热水温度为 45℃；15℃ 的低温热源进入蒸发器；溶液热交换器的换热效率为 0.65。各状态点的参数如表 4-13 所示。

表 4-13　第一类单级溴化锂吸收式热泵供热工况状态参数

状态点	温度 /℃	压力 /Pa	质量分数 /%	质量流量 /（kg/s）	比焓 /（kJ/kg）
1	43	1 228	56.8	3.752	109.4
2	43	11 178	56.8	3.752	109.4
3	73.4	11 178	56.8	3.752	170.6
4	95	11 178	60.6	3.515	227.1
5	61.2	11 178	60.6	3.515	161.8
6	51.6	1 228	60.6	3.515	161.8
7	86.5	11 178	0	0.237	2 661.4
8	48	11 178	0	0.237	201
9	10	1 228	0	0.237	201
10	10	1 228	0	0.237	2 519.2
11	110	—	—	18.65	461.4
12	100	—	—	18.65	419.2
13	35	—	—	31.96	146.6
14	40.6	—	—	31.96	170.2
15	40.6	—	—	31.96	170.2
16	45	—	—	31.96	188.4
17	15	—	—	43.6	63
18	12	—	—	43.6	50.4

将表 4-13 中热泵循环中状态点的参数代入部件的热平衡方程，热泵循环的运行参数如表 4-14 所示。

表 4‑14　第一类单级溴化锂吸收式热泵供热工况运行参数

参　　数	数据	参　　数	数据
溶液的循环倍率 a	15.9	蒸发器的热负荷 Q_E/kW	548.2
发生器的放气范围	3.8	吸收器的热负荷 Q_A/kW	754.1
发生器的热负荷 Q_G/kW	787.8	溶液热交换器的热负荷 Q_{HX}/kW	229.5
冷凝器的热负荷 Q_C/kW	581.9	性能系数 COP	1.7

因此,对于此单级溴化锂吸收式热泵供热工况来说,消耗 1 kW 高温热源热量,可以获得 1.7 kW 中温热源热量。

2. 第一类单级溴化锂吸收式热泵制冷工况

在第一类单级溴化锂吸收式热泵制冷工况下,110℃的地热水进入发生器;32℃的冷却水分别进入吸收器和冷凝器;15℃的冷冻水进入蒸发器;溶液热交换器的换热效率为0.65。各状态点的参数如表 4‑15 所示。

表 4‑15　第一类单级溴化锂吸收式热泵制冷工况状态参数

状态点	温度 /℃	压力 /Pa	质量分数 /%	质量流量 /(kg/s)	比焓 /(kJ/kg)
1	40	1 228	55.2	1.798	97.6
2	40	7 385	55.2	1.798	97.6
3	67.2	7 385	55.2	1.798	153.5
4	95	7 385	64.5	1.539	246.4
5	59.2	7 385	64.5	1.539	181.1
6	59.2	1 228	64.5	1.539	181.1
7	74.1	7 385	0	0.259	2 638.5
8	40	7 385	0	0.259	167.5
9	10	1 228	0	0.259	167.5
10	10	1 228	0	0.259	2 519.2
11	110	—	—	18.65	461.4

状态点	温度 /℃	压力 /Pa	质量分数 /%	质量流量 /(kg/s)	比焓 /(kJ/kg)
12	100	—	—	18.65	419.2
13	32	—	—	36.21	134.1
14	37	—	—	36.21	155
15	32	—	—	30.68	134.1
16	37	—	—	30.68	155
17	15	—	—	48.54	63
18	12	—	—	48.54	50.4

将表4-15中热泵循环中状态点的参数代入部件的热平衡方程,热泵循环的运行参数如表4-16所示。

表4-16　第一类单级溴化锂吸收式热泵制冷工况运行参数

参　　数	数据	参　　数	数据
溶液的循环倍率 a	6.9	蒸发器的热负荷 Q_E/kW	610.2
发生器的放气范围	9.3	吸收器的热负荷 Q_A/kW	756.8
发生器的热负荷 Q_G/kW	787.8	溶液热交换器的热负荷 Q_{HX}/kW	100.6
冷凝器的热负荷 Q_C/kW	641.2	性能系数 COP	0.77

3. 第一类单级溴化锂吸收式热泵特性分析

在吸收式热泵运行中,换热部件运行温度的变化都会引起系统运行参数的变化。当换热部件运行温度改变时,整个热泵循环会发生变化,以达到新的运行平衡条件。换热部件运行温度包括发生器、吸收器、冷凝器和蒸发器的温度,即发生温度、吸收温度、冷凝温度和蒸发温度。

（1）发生温度对系统的影响

发生温度对第一类单级溴化锂吸收式热泵性能系数和溶液循环倍率的影响分别如图4-10和图4-11所示。在供热和制冷工况下,随着发生温度的升高,性能系数先大幅上升后缓慢升高,溶液循环倍率逐渐降低;当发生温度相同、吸收温度和冷凝温度较低时,性能系数较高,溶液循环倍率较低。随着发生温度的升高,发生器中产生更多温度更高的水蒸气,浓溶液和稀溶液的浓度差变大,溶液循环倍率降低,更多的水蒸气在冷凝器中变成水,蒸发器从低温热源中吸收的热量增加,因此性能系数升高。

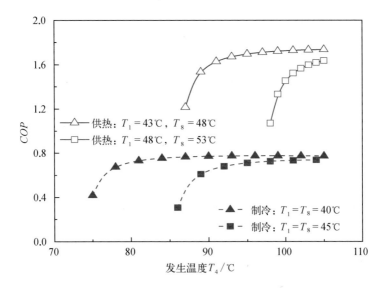

图 4‑10　发生温度对热泵性能系数的影响

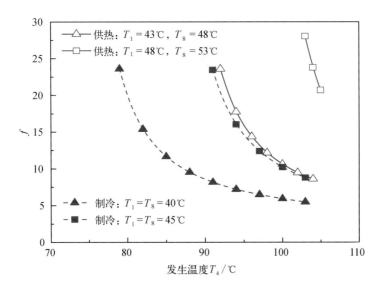

图 4‑11　发生温度对热泵溶液循环倍率的影响

（2）吸收温度对系统的影响

吸收温度,即溴化锂溶液吸收水蒸气的温度,吸收温度对第一类单级溴化锂吸收式热泵性能系数和溶液循环倍率的影响分别如图4-12和图4-13所示。在供热和制冷工况下,随着吸收温度的升高,性能系数逐渐降低,溶液循环倍率逐渐升高;在供热工况

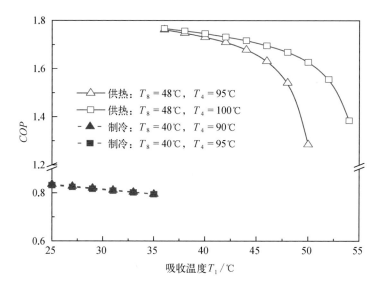

图4-12 吸收温度对热泵性能系数的影响

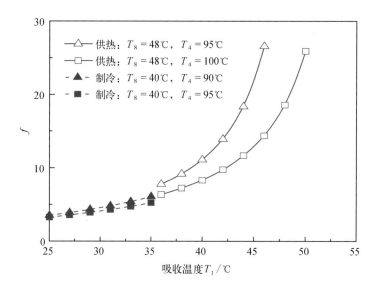

图4-13 吸收温度对热泵溶液循环倍率的影响

下,当吸收温度相同、发生温度较高时,性能系数较高,溶液循环倍率较低;在制冷工况下,当吸收温度相同时,发生温度对性能系数和溶液循环倍率的影响均较小。随着吸收温度的升高,吸收器内部的压力升高,溴化锂浓溶液吸收水蒸气的效果变差,浓溶液和稀溶液的浓度差变小,溶液循环倍率升高,蒸发器从低温热源中吸收的热量减少,因此性能系数降低。

（3）冷凝温度对系统的影响

冷凝温度,即制冷剂水的冷凝温度,冷凝温度对第一类单级溴化锂吸收式热泵性能系数和溶液循环倍率的影响分别如图 4－14 和图 4－15 所示。在供热和制冷工况下,随着冷凝温度的升高,性能系数逐渐降低,溶液循环倍率逐渐升高;在供热工况下,当冷凝温度相同、发生温度较高时,性能系数较高,溶液循环倍率较低;在制冷工况下,当冷凝温度相同时,发生温度对性能系数的影响较小,若发生温度较高,则溶液循环倍率也较高。随着冷凝温度的升高,冷凝器内部的压力升高,发生器内部的压力也升高,使得溴化锂稀溶液产生水蒸气所需的温度升高,发生器中产生的水蒸气量减少,浓溶液和稀溶液的浓度差变小,溶液循环倍率升高,蒸发器从低温热源中吸收的热量减少,因此性能系数降低。

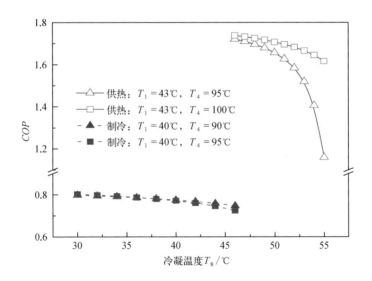

图 4－14　冷凝温度对热泵性能系数的影响

（4）蒸发温度对系统的影响

蒸发温度,即制冷剂水的蒸发温度,蒸发温度对第一类单级溴化锂吸收式热泵性能系数和溶液循环倍率的影响分别如图 4－16 和图 4－17 所示。在供热和制冷工况下,随着蒸发温度的升高,性能系数逐渐升高,溶液循环倍率逐渐降低;当蒸发温度相

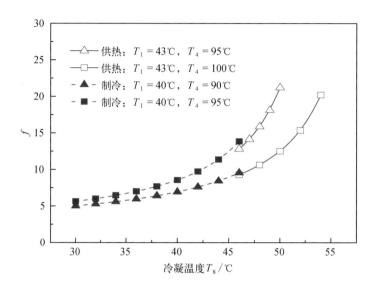

图 4-15　冷凝温度对热泵溶液循环倍率的影响

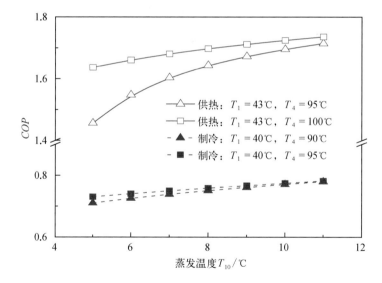

图 4-16　蒸发温度对热泵性能系数的影响

同、发生温度较高时,性能系数较高,溶液循环倍率较低。随着蒸发温度的升高,蒸发器内部的压力升高,有利于水蒸气被吸收器中的浓溶液吸收,浓溶液和稀溶液的浓度差变大,溶液循环倍率降低,同时蒸发器从低温热源中吸收的热量增加,因此性能系数升高。

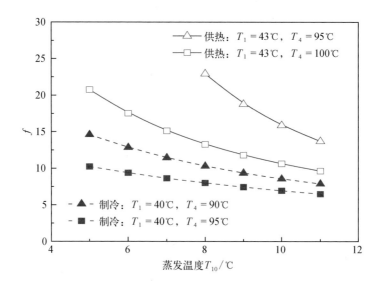

图 4-17 蒸发温度对热泵溶液循环倍率的影响

4.3.4 第二类单级溴化锂吸收式热泵循环计算及其分析

对第二类单级溴化锂吸收式热泵循环的假设,与对第一类单级溴化锂吸收式热泵循环的假设基本相同,忽略溶液泵和工质泵消耗的机械功及其他热损失。

1. 第二类单级溴化锂吸收式热泵循环计算

选取华北某地区的地热井作为热源,井深 3 000 m,目的层为蓟县系雾迷山组热储,井口出水温度为 85℃,出水量为 100 m³/h。在第二类单级溴化锂吸收式热泵循环中,85℃的地热水分别进入发生器和蒸发器;115℃的热水进入吸收器,吸收器出口热水温度为 120℃;15℃的冷却水进入冷凝器;溶液热交换器的换热效率为 0.65。各状态点的参数如表 4-17 所示。

表 4-17 第二类单级溴化锂吸收式热泵状态参数

状态点	温度 /℃	压力 /Pa	质量分数 /%	质量流量 /(kg/s)	比焓 /(kJ/kg)
1	65.5	2 811	59.1	1.41	224.9
2	96.7	38 597	59.1	1.41	224.9

状态点	温度 /℃	压力 /Pa	质量分数 /%	质量流量 /(kg/s)	比焓 /(kJ/kg)
3	123	38 597	59.1	1.41	277.3
4	106.2	38 597	64.5	1.292	267.3
5	75	38 597	64.5	1.292	210.2
6	75	2 811	64.5	1.292	210.2
7	65.5	2 811	0	0.118	2 623.2
8	23	2 811	0	0.118	96.5
9	23	38 597	0	0.118	96.5
10	75	38 597	0	0.118	2 634.6
11	115	—	—	12.69	482.6
12	120	—	—	12.69	503.8
13	85	—	—	12.624	356
14	80	—	—	12.624	335
15	85	—	—	14.325	356
16	80	—	—	14.325	335
17	15	—	—	14.261	63
18	20	—	—	14.261	83.9

在稳定运行状态下,第二类单级溴化锂吸收式热泵循环各部件的热平衡方程如下。

发生器的热平衡方程:

$$Q_G + (G_g + D)h_6 = Dh'_7 + G_g h_1 \tag{4-55}$$

冷凝器的热平衡方程:

$$Q_C + Dh_8 = Dh'_7 \tag{4-56}$$

蒸发器的热平衡方程：

$$Q_E + Dh_9 = Dh'_{10} \qquad (4-57)$$

吸收器的热平衡方程：

$$Q_A + (G_g + D)h_3 = Dh'_{10} + G_g h_4 \qquad (4-58)$$

溶液热交换器的热平衡方程：

$$Q_{HX} = (G_g + D)(h_3 - h_2) = G_g(h_4 - h_5) \qquad (4-59)$$

将表 4-17 中热泵循环中状态点的参数代入部件的热平衡方程，热泵循环的运行参数如表 4-18 所示。

表 4-18　第二类单级溴化锂吸收式热泵运行参数

参　　　数	数　据	参　　　数	数　据
溶液的循环倍率 a	10.9	吸收器的热负荷 Q_A/kW	265.5
发生器的热负荷 Q_G/kW	264.2	溶液热交换器的热负荷 Q_{HX}/kW	73.9
冷凝器的热负荷 Q_C/kW	298.4	性能系数 COP	0.47
蒸发器的热负荷 Q_E/kW	299.8		

2. 第二类单级溴化锂吸收式热泵特性分析

（1）发生温度对系统的影响

发生温度对第二类单级溴化锂吸收式热泵性能系数和溶液循环倍率的影响分别如图 4-18 和图 4-19 所示，与第一类单级溴化锂吸收式热泵的情况相似。随着发生温度的升高，性能系数逐渐升高，溶液循环倍率逐渐降低；当发生温度相同、吸收温度较高时，性能系数较低，溶液循环倍率较高。

（2）吸收温度对系统的影响

吸收温度对第二类单级溴化锂吸收式热泵性能系数和溶液循环倍率的影响分别如图 4-20 和图 4-21 所示，与第一类单级溴化锂吸收式热泵的情况相似。随着吸收温度的升高，性能系数逐渐降低，溶液循环倍率逐渐升高；当吸收温度相同、发生温度和蒸发温度较高时，性能系数较高，溶液循环倍率较低；当发生温度和蒸发温度较高时，吸收温度的变化范围较大。

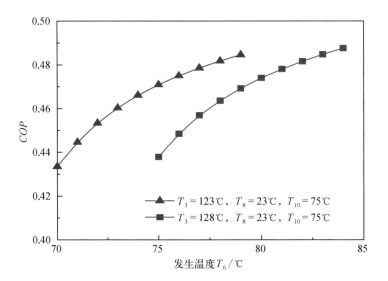

图 4-18　发生温度对热泵性能系数的影响

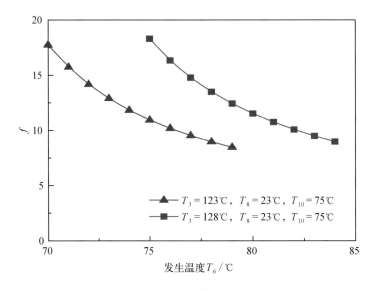

图 4-19　发生温度对热泵溶液循环倍率的影响

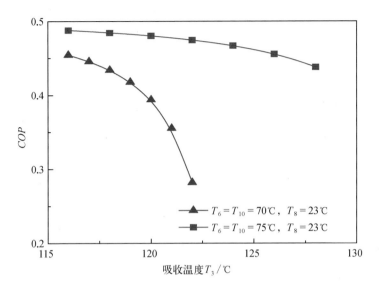

图 4－20　吸收温度对热泵性能系数的影响

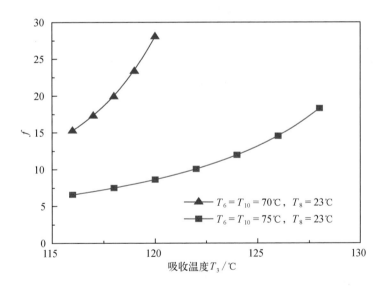

图 4－21　吸收温度对热泵溶液循环倍率的影响

（3）冷凝温度对系统的影响

冷凝温度对第二类单级溴化锂吸收式热泵性能系数和溶液循环倍率的影响分别如图 4－22 和图 4－23 所示，与第一类单级溴化锂吸收式热泵的情况相似。随着冷凝温度的升高，性能系数逐渐降低，溶液循环倍率逐渐升高；当冷凝温度相同、吸收温度较高时,性能系数较低,溶液循环倍率较高;当吸收温度较高时,冷凝温度的变化范围较小。

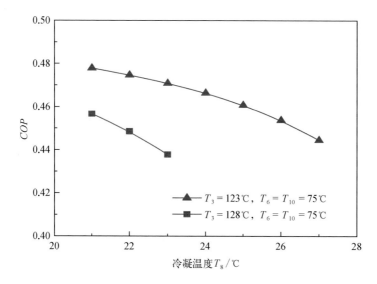

图4-22　冷凝温度对热泵性能系数的影响

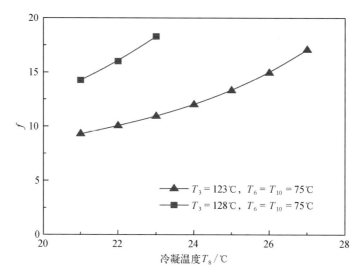

图4-23　冷凝温度对热泵溶液循环倍率的影响

（4）蒸发温度对系统的影响

蒸发温度对第二类单级溴化锂吸收式热泵性能系数和溶液循环倍率的影响分别

如图 4–24 和图 4–25 所示,与第一类单级溴化锂吸收式热泵的情况相似。随着蒸发温度的升高,性能系数逐渐升高,溶液循环倍率逐渐降低;当蒸发温度相同、吸收温度较高时,性能系数较低,溶液循环倍率较高;当吸收温度较高时,蒸发温度的变化范围较小。

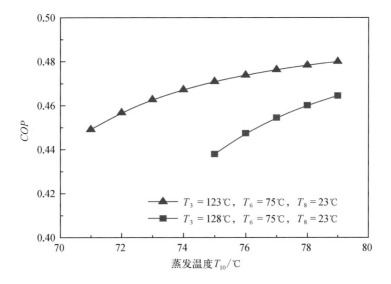

图 4–24　蒸发温度对热泵性能系数的影响

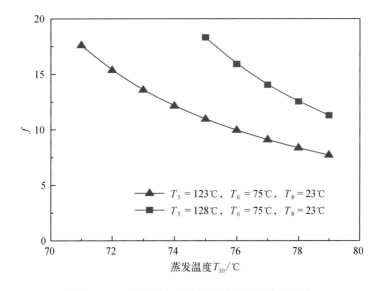

图 4–25　蒸发温度对热泵溶液循环倍率的影响

4.4　地热吸收式热泵技术应用及案例

4.4.1　国外地热吸收式热泵系统案例

　　1980 年,美国俄勒冈技术学院安装了一套地热吸收式制冷空调系统,该系统可满足五栋教学楼约 25 733 m² 的基本制冷需求。这套吸收式制冷系统使用单级溴化锂吸收式机组,驱动地热水温度为 89℃、流量为 186.8 m³/h。该系统的总安装成本为171 300 美元,一直运行到 1999 年。

　　立陶宛克莱佩达利用地热水进行供暖,系统从生产井中提取地热水,通过两口处于相同深度的注入井,保持地层压力,避免造成水污染问题,由锅炉热水(175℃)驱动 4 台溴化锂吸收式热泵将地热能输送到克莱佩达区域供热管网(现有区域供热管网系统采用的低温地热能技术已得到很好的发展,并已在欧洲几个城镇得到应用)。区域供热管网系统可以使用吸收式热泵从 1 100 m 深处所提取的温度为 38℃、流量为 700 m³/h、含盐量为 14% 的地热水中获得高达 20 MW 热量,并且此系统不仅不会产生污染排放,同时还大大减少化石燃料的使用,可对环境产生积极的影响(利用地热区域供热技术将使二氧化碳和氮氧化物的排放量每年分别减少 5.2×10^4 t 和 270 t)。

　　丹麦哥本哈根地热供暖设施建设于 2003 年,从温度为 73℃、流量为 235 m³/h、盐度为 19% 的地热水中采热 14 MW。有 3 台吸收式热泵的热泵机组位于 Amager 热电联产机组附近,距离位于海边井旁的地热循环机组约 800 m。在地热循环装置的热交换器中,3 台吸收式热泵串联冷区供热,将 15～50℃ 的回水加热至 71℃。热交换器区域的加热水与预加热到相同温度的区域加热水在吸收器中混合,冷凝器提供剩余的热量,使供应水温度达到 85℃。

4.4.2　国内地热吸收式热泵系统案例

　　2002 年,中国科学院广州能源研究所建成了中国第一套实用型 100 kW 地热吸收式制冷空调系统,该系统于当年成功在广东省梅州市五华县热矿泥山庄投入运行,如图 4-26 所示。这套吸收式制冷系统主要由热水型两级溴化锂吸收式制冷机、板式换热器、深井泵、地热水循环泵、热水循环泵和冷冻水循环泵等设备组成，如图 4 - 27 所示。该系统利用温度为 70 ~ 75℃的地热水作为驱动热源，制取 9 ~ 12℃的冷冻水并用于热矿泥山庄咖啡厅和休息室的空调中。地热吸收式制冷空调系统的主要参数如表 4 - 19 所示。

图 4 - 26　广东五华热矿泥山庄 100 kW 地热吸收式制冷空调系统

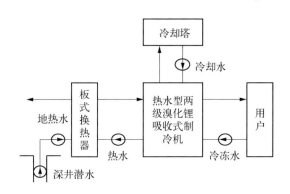

图 4 - 27　地热吸收式制冷空调系统

表 4 - 19　地热吸收式制冷空调系统的主要参数

参　　数	数　据	参　　数	数　据
制冷量/kW	100	热水循环泵耗电/kW	2.2
制冷机耗电/kW	1.85	冷冻水循环泵耗电/kW	3
地热水循环泵耗电/kW	2.2	冷却水循环泵耗电/kW	5.5

参　数	数据	参　数	数据
冷却塔风机耗电/kW	2.2	地热水出口温度/℃	55~60
系统总耗电/kW	16.95	冷却水温度/℃	24~32
冷冻水温度/℃	9~12	地热水流量/(t/h)	20
地热水温度/℃	70~75	冷却水流量/(t/h)	60

地热吸收式制冷空调系统和原有电压缩式制冷空调系统的经济性分析如表 4-20 所示。与原有电压缩式制冷空调系统相比,地热吸收式制冷空调系统的输入电功率减少 27.35 kW,年节约运行费用达 5.51 万元,节能效果明显。地热吸收式制冷空调系统的初投资为 37 万元,以系统年运行 7 个月计算,地热吸收式制冷空调系统的成本回收期为 3.8 年。

表 4-20　两类制冷空调系统的经济性分析

参　数	电压缩式制冷空调系统	地热吸收式制冷空调系统	备　注
制冷量/kW	100	100	
总耗电/kW	44.3	16.95	
初投资/万元	16	37	年运行 7 个月,电价为 0.8 元/(kW·h)
年运行费用/万元	8.93	3.42	
年节约运行费用/万元		5.51	
成本回收期/年		3.8	

参考文献

[1] Florides G A, Kalogirou S A, Tassou S A, et al. Design and construction of a LiBr-water absorption machine[J]. Energy Conversion and Management, 2003, 44(15): 2483-2508.

[2] 贾明生.溴化锂水溶液的几个主要物性参数计算方程[J].湛江海洋大学学报,

2002,22(3): 52-58.

[3] Kaita Y. Thermodynamic properties of lithium bromide-water solutions at high temperatures [J]. International Journal of Refrigeration, 2001, 24(5): 374-390.

[4] McNeely L A. Thermodynamic properties of aqueous solutions of lithium bromide [J]. ASHRAE Transactions, 1979, 85: 413-434.

[5] Jeter S M, Moran J, Teja A S. Properties of lithium bromide-water solutions at high temperatures and concentrations – part Ⅲ: Specific heat [J]. ASHRAE Transactions, 1992, 98: 137-149.

[6] Lee R J, DiGuilio R M, Jeter S M, et al. Properties of lithium bromide-water solutions at high temperatures and concentrations Ⅱ: Density and viscosity [J]. ASHRAE Transactions, 1990, 96: 709-728.

[7] 韩崇巍.太阳能双效溴化锂吸收式制冷系统的性能研究[D].合肥: 中国科学技术大学,2009.

[8] Sun D W. Comparison of the performances of $NH_3 - H_2O$, $NH_3 - LiNO_3$ and $NH_3 - NaSCN$ absorption refrigeration systems [J]. Energy Conversion and Management, 1998, 39 (5/6): 357-368.

[9] Conde-Petit M R. Thermophysical properties of $NH_3 + H_2O$ solutions for the industrial design of absorption refrigeration equipment[R]. Zurich: M. Conde Engineering, 2004.

[10] Ibrahim O M, Klein S A. Thermodynamic properties of ammonia-water mixtures [J]. ASHRAE Transactions, 1993, 99: 1495-1502.

[11] De Lucas A, Donate M, Rodríguez J F. Vapor pressures, densities, and viscosities of the (water + lithium bromide + sodium formate) system and (water + lithium bromide + potassium formate) system[J]. Journal of Chemical & Engineering Data, 2003, 48(1): 18-22.

[12] De Lucas A, Donate M, Molero C, et al. Performance evaluation and simulation of a new absorbent for an absorption refrigeration system [J]. International Journal of Refrigeration, 2004, 27(4): 324-330.

[13] 孙健,付林,张世钢,等.溴化锂硝酸锂混合溶液吸收式热泵性能研究[J].暖通空调,2010,40(10): 94-97.

[14] Asfand F, Stiriba Y, Bourouis M. Performance evaluation of membrane-based absorbers employing $H_2O/(LiBr+LiI+LiNO_3+LiCl)$ and $H_2O/(LiNO_3+KNO_3+NaNO_3)$ as working pairs in absorption cooling systems[J]. Energy, 2016, 115: 781-790.

[15] Yokozeki A, Shiflett M B. Water solubility in ionic liquids and application to absorption cycles

[J]. Industrial & Engineering Chemistry Research, 2010, 49(19): 9496 – 9503.

[16] Dong L, Zheng D X, Nie N, et al. Performance prediction of absorption refrigeration cycle based on the measurements of vapor pressure and heat capacity of H_2O + [DMIM] DMP system[J]. Applied Energy, 2012, 98: 326 – 332.

[17] Dong L, Zheng D X, Li J, et al. Suitability prediction and affinity regularity assessment of H_2O + imidazolium ionic liquid working pairs of absorption cycle by excess property criteria and UNIFAC model[J]. Fluid Phase Equilibria, 2013, 348: 1 – 8.

[18] Libotean S, Salavera D, Valles M, et al. Vapor-liquid equilibrium of ammonia + lithium nitrate + water and ammonia + lithium nitrate solutions from (293.15 to 353.15) K[J]. Journal of Chemical & Engineering Data, 2007, 52(3): 1050 – 1055.

[19] Libotean S, Martín A, Salavera D, et al. Densities, viscosities, and heat capacities of ammonia + lithium nitrate and ammonia + lithium nitrate + water solutions between (293.15 and 353.15) K[J]. Journal of Chemical & Engineering Data, 2008, 53(10): 2383 – 2388.

[20] Wang M, Infante Ferreira C A. Screening criteria for ILs used in NH_3 based absorption heat pump systems [C]//16th International Refrigeration and Air Conditioning Conference at Purdue, July 11 – 14, 2016, Purdue University, Purdue, America. Delft: Delft University of Technology, 2016: 2285.

[21] Swarnkar S K, Murthy S S, Gardas R, et al. Performance of a vapour absorption refrigeration system operating with ionic liquid-ammonia combination with water as cosolvent[J]. Applied Thermal Engineering, 2014, 72(2): 250 – 257.

[22] Wang M, Infante Ferreira C A. Absorption heat pump cycles with NH_3-ionic liquid working pairs[J]. Applied Energy, 2017, 204: 819 – 830.

[23] Anthony J L, Maginn E J, Brennecke J F. Solubilities and thermodynamic properties of gases in the ionic liquid 1-n-butyl-3-methylimidazolium hexafluorophosphate[J]. The Journal of Physical Chemistry B, 2002, 106(29): 7315 – 7320.

[24] Martín Á, Bermejo M D. Thermodynamic analysis of absorption refrigeration cycles using ionic liquid + supercritical CO_2 pairs [J]. The Journal of Supercritical Fluids, 2010, 55(2): 852 – 859.

[25] 何丽娟,袁致林,庞赟佶,等.新型低品位热驱动 CO_2 – [emim][Tf_2N] 吸收制冷循环性能[J].河南科技大学学报(自然科学版),2015,36(5): 25 – 29.

[26] Xu S M, Liu Y L, Zhang L S. Performance research of self regenerated absorption heat transformer cycle using TFE – NMP as working fluids [J]. International Journal of Refrigeration, 2001, 24(6): 510 – 518.

[27] Chen W, Liang S Q, Guo Y X, et al. Thermodynamic performances of [mmim] DMP/methanol absorption refrigeration [J]. Journal of Thermal Science, 2012, 21 (6): 557 – 563.

[28] Kim S, Patel N, Kohl P A. Performance simulation of ionic liquid and hydrofluorocarbon working fluids for an absorption refrigeration system[J]. Industrial & Engineering Chemistry Research, 2013, 52(19): 6329 – 6335.

[29] Karno A, Ajib S. Thermodynamic analysis of an absorption refrigeration machine with new working fluid for solar applications[J]. Heat and Mass Transfer, 2008, 45(1): 71 – 81.

[30] Radeckas B, Lukosevicius V. Geothermal demonstration project [C]//World Geothermal Congress 2000, May 28 – June 10, 2000, Kyushu-Tohoku, Japan. [S. l. : s. n.], 2000: 3547 – 3550.

[31] Mahler A, Magtengaard J. Country update report for denmark [C]//World Geothermal Congress 2010, April 25 – 29, 2010, Bali, Indonesia. [S.l. : s.n.], 2010: 1 – 9.

第 5 章

地热干燥技术

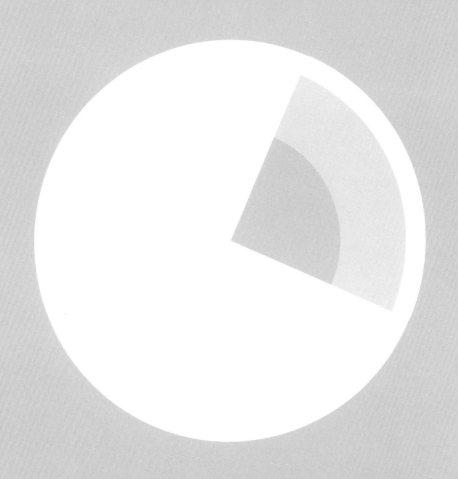

5.1 地热干燥技术原理及分类

5.1.1 地热干燥系统组成

地热干燥是地热流体经过换热器,将热能传递给干燥介质,干燥介质对物料进行脱水,从而使物料含水率降低的一种地热利用形式。一般来讲,高温地热水(如温度高于100℃的地热蒸汽和高压地热水)会先进行地热发电、地热制冷等,而中低温地热水(温度低于100℃的地热水)是目前地热干燥系统的主要热源。地热干燥系统一般由地热水输送管道、换热装置、干燥介质循环流场、物料放置装置、控制系统等部分组成。

(1)地热水输送管道

地热水输送管道一般采用价格低、耐腐蚀且强度高的塑料材质,主要种类有聚乙烯(PE)、聚丁烯(PB)、耐热聚乙烯(PE-RT)、无规共聚聚丙烯(PP-R)等,如图5-1所示。根据地热水的温度和水质特性来选择不同的管材。

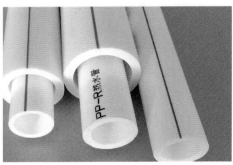

(a) PB管   (b) PP-R管

图5-1 地热干燥室常用地热水输送管道示例

(2)换热装置

因为地热干燥系统中的高温流体是地热水,低温流体(干燥介质)一般是空气,所以换热装置主要是翅片管空气换热器(图5-2)。翅片管式换热器在动力领域、化工领域、石油领域以及供暖工程和制冷工程中应用非常广泛。目前,大部分使用洁净气体作为换热介质的翅片管式换热器采用新型高效的翅片表面结构,可获得显著的强化传热效果。

图5-2 翅片管空气换热器

（3）干燥介质循环流场

干燥介质循环流场是空气在地热干燥系统中的流动空间。根据地热干燥系统类型，其外形结构有多种形式，最常见的是箱体结构。箱体结构中的空气由安装在箱体顶部或侧向的风机驱动，高温低湿的空气从箱体一侧进入，经过被干燥物料，带走物料中的水分后变成低温高湿的空气，经过风道、换热器后再次变成高温低湿的空气进入箱体，周而复始，循环往复。地热干燥室的空气循环流场示意图如图5-3所示。

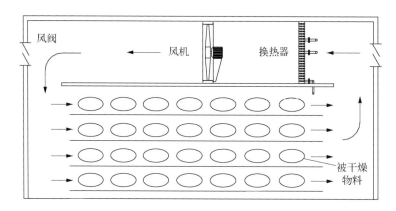

图5-3 地热干燥室内空气的流动

（4）物料放置装置

物料放置装置是地热干燥系统中摆放物料的机构，简称物料架，主要作用是支撑、隔开物料，并使空气易于接触物料表面。物料架有固定式、推车式和运动式三种类型。固定式物料架的尺寸一般较大，被放置在大空间干燥房内，被干燥物料直接在干燥房内进行摆放和收取。推车式物料架可以由人力推动,一般在干燥房外进行被干燥物料的上、下架操作。运动式物料架能使物料在干燥过程中不断变换其在干燥房内的空间位置,主要是为了更均匀地干燥物料。图5-4为地热干燥室常用物料放置装置示例。

(a) 固定式物料架　　　　　　(b) 推车式物料架　　　　　　(c) 旋转式物料架

图5-4　地热干燥室常用物料放置装置示例

（5）控制系统

控制系统主要根据物料的干燥特性(一般采用实验的方法测得物料的干燥特性曲线)来调节影响物料干燥进度和质量的系统运行参数,比如干燥介质的温度、湿度和流速等。其中,物料含水率是确定物料干燥进度的主要指标。控制系统一般由参数测量系统和参数调节系统组成。参数测量系统包括温度测量仪器、湿度测量仪器、风速测量仪器、含水率测量仪器等,参数调节系统由高温流体流量调节电磁阀、风阀调节执行器、风机变频器等组成。图5-5为地热干燥室常用测量仪器示例。

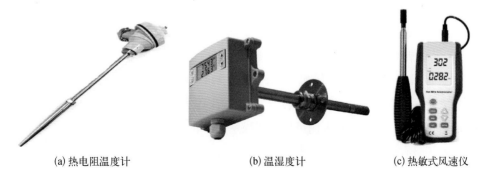

(a) 热电阻温度计　　　　　　(b) 温湿度计　　　　　　(c) 热敏式风速仪

图5-5　地热干燥室常用测量仪器示例

5.1.2　地热干燥室类型

地热干燥室是地热干燥系统的主要结构形式。按照干燥方式,地热干燥室分为周期式干燥室和连续式干燥室。在周期式干燥室中,将一批物料放入干燥室后开始干燥,达到工艺要求后停止干燥,取出物料,重新装入下一批新物料后再开始干燥,如此循环,其干燥作业是周期性的。连续式干燥室的形状如隧道,达到工艺要求的物料从干燥室的一端卸出,同时从干燥室的另一端装入新物料,装、卸物料时干燥过程不停止。

与连续式干燥室相比,周期式干燥室的机动灵活性强、适应性好,且温度和湿度易于调节。因此,周期式干燥室是目前地热干燥系统所采用的主要类型。这类干燥室的结构形式较多,其性能特点不尽相同,根据风机在干燥室内布置的不同可分为两种:室内顶风机型干燥室和室内侧风机型干燥室。

（1）室内顶风机型干燥室

室内顶风机型干燥室的主要特征是室内空间被顶棚分成上部和下部两部分。上部为风机间,用以安装风机、加热器(换热装置)、加湿器和进、排气风阀等。下部为干燥间,主要摆放物料架和测量仪器,如温湿度计、含水率测定仪、风速仪等。这种干燥室内的气流速度分布较均匀,干燥质量好,是地热干燥室中最常用的结构形式,如图5-6所示。

（2）室内侧风机型干燥室

室内侧风机型干燥室将轴流风机安装在室内的侧墙上,即风机、加热器、加湿器及进、排气风道等都位于室内的侧边,每台(或两台)风机配置使用一台电机,如图5-7所示。由于风机都靠在室内一侧,因而采用室内、室外电机驱动均可。这种干燥室内的气流循环特点是风机先从近处物料的局部吸风,然后立即180℃转弯进入其他部分的物料中。气流每通过风机一次,会通过物料架两次,这样可以减少风机的风量,增大干燥效率。但由于风向急转弯,动力损失很大,因而需要更大的风压。与室内顶风机型干燥室相比,室内侧风机型干燥室内单位被干燥物料的装机功率不但不能减少,还略有增加。由于风机靠近物料架,只能采用吸风式单向气流循环,因而无法实现可逆循环,造成干燥不均匀。

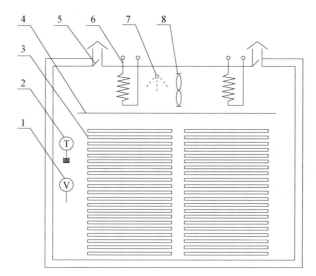

1—风速仪;2—温湿度计;3—物料架;4—顶棚;
5—进、排气风阀;6—加热器;7—加湿器;8—风机

图 5-6　室内顶风机型干燥室

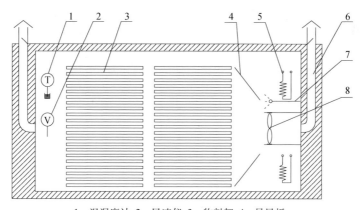

1—温湿度计;2—风速仪;3—物料架;4—导风板;
5—加热器;6—进、排气风道;7—加湿器;8—风机

图 5-7　室内侧风机型干燥室

5.1.3　地热干燥系统特点

　　地热干燥属于地热能的工业化利用范畴,要想合理规划、设计、利用地热干燥系统,必须考虑其所具有的以下特点。

（1）地热干燥系统的规模受地热资源条件限制

地热干燥系统所利用的地热水供应量必须在允许可采范围内。如果超出地质勘查部门评估的日可采量，地下含水层的补水量就无法满足供应量，同时热储层无法及时对来源水进行补热，很可能造成地热井出水量不断下降，出水温度不断降低，从而无法达到热源的设计要求，最终使地热干燥系统无法正常工作。

（2）低温地热干燥工艺与高温干燥工艺相结合

我国地热水的温度大多在 80℃ 以下，经过换热器后只能够将室内空气加热到 60~70℃。如果单独采用地热水作为热源，就无法满足一些需要高温干燥的工况条件，如木材干燥基准大多要求干燥末尾阶段的室内空气温度达到 80℃ 以上。因此，从扩大地热干燥应用范围的角度来说，在地热干燥系统中加入高温热泵、电加热器、蒸汽加热器等辅助加热器是合理的选择。

（3）地热干燥与地热综合梯级利用高效融合

地热井一般较深，这就要求井内的潜水泵具有较大扬程，故地源热泵的功率较大，耗电较多，造成地热水的开采成本较高。因此，从经济角度看，地热干燥项目不宜单独使用一口地热井，而应与其他地热利用项目共用一口地热井，形成合理的地热综合梯级利用系统，同时要使该项目中的地热水流量和不同地热利用项目的规模相匹配。另外，地热干燥产品应根据当地的原料市场、市场需求及经济发展特征来确定。

5.2　物料干燥特性

5.2.1　物料性质与水分的关系

被干燥物料通常是由各种类型的绝干物料和水分组成的湿物料。不同的湿物料具有不同的结构力学、生物化学等物理性质和化学性质。在含水的物料中，水分与物料的性质及两者相互作用的关系对脱水过程有着重大的影响。根据水分与物料的结合状态，有不同的分类方法，一般可以分为以下几种。

（1）化合水分（结晶水）

化合水分是与物质按一定质量的比值直接化合的水分，如 $CuSO_4 \cdot 5H_2O$ 中的水分。它是物质化学结构的一个组成部分，与物质牢固地结合在一起，只有加热到很高的温度,破坏物质的结晶体,才能使这种水分释放出来。因为一般的干燥工艺不可能达到这么高的温度,所以化合水分是不能靠蒸发除去的,故对干燥过程的计算不考虑化合水分。

（2）吸着水分（分子水分）

由于吸附作用,物料周围空间中的水分子会被吸附到它的表面,并形成一层水分薄膜,其厚度为一个或数个分子,通常是肉眼看不见的。此外,水分子还会"钻入"（扩散到）物料内部,这个过程称为吸收。物料经吸附作用与吸收作用而结合的水分统称为吸着水分。吸着水分与物料的结合也是比较牢固的,用一般脱水方法不能除去,用干燥方法只能除去一部分。如果再将其放置在湿度较大的空气中,那么其又会重新吸附和吸收周围的水分子,直到达到湿度平衡为止。

（3）毛细水分

松散物料之间存在着许多孔隙,有时固体颗粒内部存在着孔穴或裂隙,这许许多多的孔隙如同很多的毛细管一样,水分子在"毛细管"吸力的作用下能保持在孔隙之中。

（4）重力水分

物料除了含有吸着水分和毛细水分（化合水分不做脱水考虑）,还含有大量的水,这些水和物料之间没有相互作用力,在重力作用下就可以脱除,这部分水称为重力水分。毛细水分和重力水分统称为自由水,因为它们和物料之间没有牢固的结合力,所以比较容易脱除。

5.2.2　物料干燥机理

1. 物料干燥过程中水分的迁移

在对流干燥过程中,物料中水分的排出主要通过物料表面的水分蒸发和物料内部的水分迁移两个过程来完成。

（1）物料表面的水分蒸发

蒸发是液体分子从液面离去的过程。液体中的分子都在不停地做无规则运动,它们的平均动能的大小是跟液体本身的温度相适应的。由于分子的无规则运动和互相碰撞,因而在任何时刻,总有一些分子具有比平均动能还大的动能。这些具有足够大动能的分子,如处于液面附近的分子,当其动能大于飞出时克服液体内分子间的引力所需的功时,这些分子就能脱离液面飞出,变成这种液体的气态,这就是蒸发。空气中水分的蒸发是有条件的,即物料周围的空气必须没有达到水蒸气饱和状态。

影响水分蒸发的主要因素有液体的温度、液体的表面积、液面上方空气的流动速度、空气湿度等。液体的温度越高,分子的平均动能就越大,从液面飞出的分子数量也就越多,因此液体的温度越高,蒸发得就越快。如果液体的表面积增大,那么处于液面附近的分子数目增加,因而在相同的时间里,从液面飞出的分子数量增多,因此液面的表面积越大,蒸发速度就越大。如果液面上方空气的流动速度大,通风好,分子重新返回液体的机会就变少,蒸发也就变快。当空气湿度增大时,空气中的水蒸气分压也增大,物料表面的饱和蒸汽压与空气中的水蒸气分压的压差变小,蒸发驱动力减小,蒸发速度降低。

大气压力下水面的蒸发量可近似用道尔顿公式计算,即

$$i = B\Delta t(65 - 0.006p_n) \tag{5-1}$$

式中,i 为蒸发量,$kg/(m^2 \cdot h)$;B 为蒸发系数;Δt 为干湿球温度差,$\mathbb{C}$;p_n 为水蒸气分压,Pa。

蒸发系数在气流平行掠过水面且温度在 $60 \sim 250\mathbb{C}$ 内时,可采用下式近似计算:

$$B = 0.0017 + 0.0013\omega \tag{5-2}$$

式中,ω 为平行于物料表面的气流速度,m/s。

(2)物料内部的水分迁移

在干燥过程中,物料中的水分是从物料的内部通过表面向外移动的。物料在由湿变干的过程中,首先蒸发的是自由水,然后排出部分吸着水分。因为物料具有一定厚度,所以在其心层(内部)和表层(表面)之间会形成含水率差值。一般情况下,物料的心层含水率高,表层含水率低,这种现象叫作含水率梯度(或水分梯度)。含水率梯度促使物料内部的水分向外移动。将物料放置在空气中,其表面的自由水先蒸发,在表面的自由水蒸发完毕后,表面的吸着水分接着蒸发,此时物料内部的含水率大于表面的含水率,形成了内高外低的含水率梯度,物料内部的水分压力大于外部的水分压力,压力差使内部的水分开始向表面移动。

2. 物料干燥过程的不同阶段

当湿物料与干燥介质相接触时,物料表面的水分开始气化并向周围介质迁移。根据干燥过程中不同时期的特点,干燥过程可分为两个阶段。

第一个阶段为恒速干燥阶段。在干燥开始时,由于整个物料的含水率较高,因而其内部的水分能迅速地到达表面。因此,干燥速率被物料表面水分的气化速率控制,故此阶段也称为表面气化控制阶段。在这个阶段,干燥介质传给湿物料的热量全部用于水分的气化,物料表面的温度维持恒定(等于热空气湿球温度),物料表面的水蒸气分压也维持恒定,故干燥速率恒定不变。这个阶段的干燥速率和临界含水率的影响因素主要包括:物料的种类和性质,物料层的厚度或颗粒大小,空气的温度、湿度和流速,空气和物料之间的相对运动方式。

第二个阶段为降速干燥阶段。物料在被干燥达到临界含水率后,便进入降速干燥阶段。此时,物料所含水分较少,水分自物料内部向表面移动的速率小于物料表面水分的气化速率,干燥速率被水分在物料内部的迁移速率控制,故此阶段也称为内部迁移控制阶段。随着物料含水率的逐渐降低,物料内部水分的迁移速率逐渐减小,故干燥速率不断下降。

5.2.3　物料的干燥特性曲线

干燥特性曲线是表示物料在一定干燥条件(温度、湿度和流速等)下,特定参数之间对应变化关系的曲线,可以直观地显示出物料的干燥特性。地热干燥系统往往以干燥特性曲线作为控制物料干燥进度、保证物料干燥质量的设计基准。物料的干燥特性曲线都是通过实验测出来的,常用的干燥特性曲线有含水率与干燥时间对应变化的干燥曲线、干燥速率与含水率对应变化的干燥速率曲线。

1. 实验参数的计算

（1）物料的含水率

物料的含水率可按两种方法定义:

干基含水率为

$$x = \frac{G_w}{G_d} \tag{5-3}$$

湿基含水率为

$$\omega = \frac{G_w}{G_d + G_w} \qquad (5-4)$$

式中，G_w 和 G_d 分别为湿物料中的水分质量和绝干物料质量，kg。

（2）恒速干燥速率

恒速干燥速率仅由外部条件决定。当物料被热风加热时，物料温度变为湿球温度，恒速干燥速率为

$$R_c = \frac{\alpha(T - T_w)}{\gamma_w} \qquad (5-5)$$

式中，R_c 为恒速干燥速率，$kg/(m^2 \cdot s)$；α 为传热系数，$kW/(m^2 \cdot ℃)$；T 为热风温度，$℃$；T_w 为湿球温度，$℃$；γ_w 为湿球温度对应的汽化潜热，kJ/kg。

（3）降速干燥速率

降速干燥速率受到物料的性质、形态和干燥方法的影响，大致上与含水率成比例减少，可用下式大致估算：

$$R_d = R_c \frac{F}{F_c} \qquad (5-6)$$

式中，R_d 为降速干燥速率，$kg/(m^2 \cdot s)$；F 为干基含水率；F_c 为临界干基含水率。

从恒速干燥阶段转为降速干燥阶段时的含水率称为临界含水率。一般来说，物料的组织越致密，水分由内部向外部扩散的阻力就越大，这样临界含水率也就越大。

2. 物料干燥特性实验

（1）实验目的

物料干燥过程实际上是采用某种方式将热量传给物料，使物料中水分蒸发、分离的过程。干燥过程同时由传热和传质两种物理过程控制，其主要参数是干燥速率。影响干燥速率的因素很多，主要有物料的种类、含水率、含水性，物料与空气的接触面积，空气的温度、湿度和流速，空气和物料之间的相对运动方式。鉴于上述众多影响因素及其复杂的耦合关系，目前尚无理论方法来计算干燥速率，因此研究干燥速率大多采用实验的方法。大多数干燥实验的主要目的是测定干燥曲线和干

燥速率曲线。

（2）实验内容

采用热泵干燥实验室对荔枝进行干燥,热泵干燥实验室如图 5-8 所示。该干燥室尺寸为 2 m×3 m×2.8 m,装料尺寸为 1.8 m×1.8 m×1.8 m,加热功率为 16 kW,温度控制范围为常温至 110℃,湿度控制范围为 20%~99%,装载容积为 5 m³。该荔枝干燥实验共干燥了 148 kg 新鲜荔枝,荔枝初始湿基含水率为 80%,干燥到湿基含水率为 30% 时结束,实验共进行了 72 h。图 5-9 表示荔枝在干燥全过程中湿基含水率与干燥时间的对应变化关系,这就是荔枝的干燥特性曲线。干燥过程中有两个回潮阶段。回潮的意思是暂停干燥,目的是让荔枝内、外水分平衡,以避免外壳开裂。第一个回潮阶段对应 22~28 h,第二个回潮阶段对应 52~62 h。从图 5-9 中可以看出,22~28 h 的干燥曲线和 52~62 h 的干燥曲线比较平缓,表明湿基含水率在回潮阶段基本保持不变。

图 5-8　热泵干燥实验室

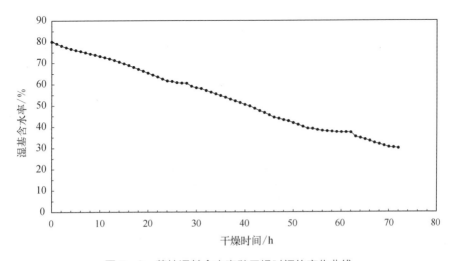

图 5-9　荔枝湿基含水率随干燥时间的变化曲线

除了回潮阶段,在干燥初始阶段和干燥末尾阶段,干燥曲线的斜率变化不大,说明干燥速率基本保持恒定,没有出现明显的降速干燥阶段。这是因为荔枝的含水率高,水分自由迁移较易,容易被蒸发出来。图 5-10 显示不同干燥时期的荔枝外观情况。

图 5-10　不同干燥时期的荔枝外观

5.2.4　典型物料的干燥工艺

1. 木材干燥

木材和天然植物一样,也是一种吸湿材料,与空气存在水分交换。各种木材的干燥方法有共同的原理和应当遵守的原则。

木材干燥的原理是利用由木材存在含水率梯度(体现在表面含水率与内部含水率的差异)而引起的木材细胞壁内微毛细管系统的水分吸力差,以及加热后形成的水蒸气分压差,促使水分以液态和气态两种形态由内部向外部移动。

木材干燥的过程与木材周围的气候条件密切相关。砍伐后的木材总会受到一定程度的干燥,但在不同地区、不同季节,干燥的快慢、程度和质量有所不同。也就是说,自然环境能使木材干燥到一定的程度。然而,自然干燥一般需要很长的时间,并且由于不施加任何控制,干燥质量很难满足要求。通过人工的方法将木材置于干燥窑内,在较高的温度环境下采用强制气流循环的做法,可以大大提高木材的干燥速率。如果干燥过程中能通过有效的测量与控制,使干燥窑内始终保持一个合适的环境,使木材内部水分的移动速度与表面水分的蒸发速度协调一致,使木材由表及里均匀地变干,就能够在保证木材干燥质量的前提下,使木材得以快速的干燥。常见的木材干燥房如图 5 - 11 所示。

图 5 - 11　木材干燥房

完整的木材干燥过程包括升温、预热、干燥、中间处理、终了处理和冷却等阶段。

（1）升温阶段

升温是指在预热前将木材温度缓慢地提高到某一温度值,一方面使木材的心层和表层的温度趋于一致,另一方面是对壳体进行预先烘热,以提高干燥室内的温度,防止在预热阶段或干燥初期产生凝结水。对于寒冷的天气,尤其需要升温阶段。为避免木材表面在此阶段过分强烈地蒸发水分,升温速度不宜太大,升温速度应根据木材的种类、厚度、含水率而定。

（2）预热阶段

预热的目的是在某一特定的温湿度环境下,使木材沿厚度方向的温度梯度（温度差）和含水率梯度（含水率差）趋于零,为木材进入水分蒸发（干燥）阶段创造条件。预热阶段的温湿度环境应使木材在此阶段基本不蒸发水分,还允许木材的表层有一定程度的吸湿。

（3）干燥阶段

干燥阶段分为前期干燥阶段和后期干燥阶段,又分别称为恒速干燥阶段和降速干燥阶段。当木材的含水率在纤维饱和点以上时,在干燥介质的温度、湿度和流速一定的条件下,木材中的自由水将沿着大毛细管系统向木材的表面移动并从木材的表面蒸发,此时水分的蒸发基本是匀速进行的,故为恒速干燥阶段。当自由水蒸发完毕时,吸着水分开始移动并蒸发,随着吸着水分的不断减少,水分蒸发所需吸收的能量越来越多,含水率的下降速度随之减小,故木材的含水率在纤维饱和点以下时为降速干燥阶段。

干燥阶段是实现木材干燥的主要阶段,也是持续时间最长的一个阶段。木材所含水分的蒸发主要发生在这一阶段。

(4)中间处理阶段

当木材干燥到含水率降到纤维饱和点附近,或者木材表面水分的蒸发强度过大时,木材会产生一定的干燥应力,此时应当进行适当的中间处理。在中间处理阶段,暂时停止对木材中水分的蒸发,对木材进行喷蒸处理,以减小木材沿厚度方向的含水率梯度,进而减小木材的干燥应力,从而提高木材干燥质量。中间处理的强度由木材的厚度和当时产生应力的大小而定。

(5)终了处理阶段

当木材干燥到达到最终含水率要求时,为了进一步减小木材沿厚度方向的含水率梯度,使干燥过程中产生的应力得到减小或消除,必须进行一次终了处理。终了处理的湿度环境(平衡含水率)与最终含水率对应的平衡含水率相一致。

(6)冷却阶段

与升温阶段相类似,在木材达到最终含水率要求并经适当的终了处理后,为避免温度急降而产生残余应力,木材出干燥窑前必须经过一个有适当速度的降温过程。

2. 烟叶干燥

烟叶必须经过复杂的烘烤(干燥)程序才能成为最终消费品。在烘烤中,依据烟叶变化随时调节工艺条件,确保烤房内的温湿度状况与烟叶变化相适应。烘烤过程包括多个阶段,各个阶段的温湿度条件及烟叶变化要求不同。烘烤工艺是指随着烟叶变黄程度的增加,逐渐提高烤房内的温度,降低相对湿度,促使烟叶脱水干燥。通俗地说,烟叶边变黄,边升温,边排湿,边干燥。常见的烟叶干燥房如图5-12所示。

各个阶段的干燥工艺参数如下。

（1）变黄前期阶段

通常,初始干球温度为 32～38℃,此阶段结束时上升到 40℃;初始干湿球温度差为 1℃,最终扩大到 2℃;干燥时间为 16～36 h。

（2）变黄中期阶段

初始干球温度为 40℃,湿球温度稳定在 38℃左右(上下波动不超出 0.5℃)。干球温度随烟叶变化而逐渐上升至 42℃。湿球温度严格保持稳定,不可随干球温度上升而波动。干燥时间为 8～18 h。

（3）变黄后期阶段

干球温度控制在 42～45℃,湿球温度继续稳定地保持在 38℃左右,干湿球温度差由 4℃扩大至 7℃。在升温时,每升温 1℃暂停若干小时,等烟叶变化到预定程度后再每小时升温 1℃,分段升温至 45℃。干燥时间为 6～12 h。

图 5-12　烟叶干燥房

（4）定色前期阶段

干球温度从 45℃分段上升到 50℃,湿球温度继续稳定地保持在 38℃左右。干球温度宜在 45～48℃维持较长时间,升温方法仍为每小时升温 1℃,然后保持若干小时,等烟叶变化符合要求后再升温。干燥时间为 18～36 h。

（5）定色后期阶段

干球温度从 50℃分段上升到 55℃,湿球温度继续稳定地保持在 38℃左右,干燥时间为 10～20 h。

（6）干筋前期阶段

干球温度自 55℃开始,以每小时升温 1℃的速度上升到 59～60℃。湿球温度自 38℃开始,以较快速度上升至 40℃左右,并保持稳定。

（7）干筋后期阶段

干球温度自 60℃开始,以每 2h 升温 3℃左右的速度上升至 68℃,并在 68℃保持稳定,不要超过 70℃,直至全部烟叶主筋全干。湿球温度自 40℃开始,以较快速度上升至 43℃,并保持稳定至干燥结束。

3. 粮食干燥

粮食必须经过干燥处理才能保存较长时间,因此粮食干燥是关系到粮食安全的重要一环。粮食品种众多,用途也有不同,因此为保证品质不变,每种粮食都有特定的干燥工艺与环境控制参数。以水稻种子干燥为例,水稻种子在干燥前的含水率一般为 16%~22%,不同含水率的水稻种子要分别进行干燥,同一批干燥的水稻种子的含水率不均匀度不大于 3%。干燥工艺流程:预热(当环境温度低于 0℃时)→干燥→缓苏→冷却。预热阶段的热风温度保持在 15~20℃,预热时间为 20~30 min。干燥阶段的热风温度一般为 35~40℃,脱水速度保持在 0.5%/h,最终含水率控制在12%~13%。

图 5-13 茶叶干燥房

4. 茶叶干燥

茶叶干燥有三个目的:一是利用高温破坏酶,制止酶促氧化;二是蒸发水分,紧缩茶条,使毛茶充分干燥,利于保持品质;三是散发青臭气,进一步提高和发展香气。因此,茶叶干燥是影响茶叶质量的最重要的工艺环节。虽然茶叶种类繁多,加工流程各不相同,但大体上干燥工艺环节有杀青、初烘、复烘、提香等。杀青的干燥温度较高,一般在 200℃以上,但干燥时间较短。初烘和复烘的干燥温度控制在 100~150℃。提香的干燥温度控制在 70~100℃。常见的茶叶干燥房如图 5-13 所示。

5.3 地热热泵干燥

当地热水的温度不够高时,地热水直接进入干燥房加热器有可能无法达到干燥工艺要求的温度条件,此时需要利用热泵进行提温,再进行干燥。如同把水从低处提升到高处而需采用水泵那样,采用热泵可以把热量从低温物体抽吸到高温物体,因此热泵实质上是一种热量提升装置。利用热泵为干燥介质加热并进行物料除湿,这就是热泵干燥过程。在传统化石能源易引起环境污染而被限制使用的背景下,利用可再生能源的热泵技术在干燥行业得到了越来越多的应用。地热热泵干燥是指使用热泵从温度较低的地热水中吸取热量,传给温度较高的干燥介质(如热空气),达到利用低品位地热能进行高温干燥物料的目的。

5.3.1　地热热泵干燥系统的工作原理与特点

1. 工作原理

地热热泵干燥系统主要包括地热水循环系统、蒸发器、压缩机、冷凝器、膨胀阀、加热器、干燥房等部分。该系统主要由两个流体循环构成,一个是前文所述的干燥介质在干燥房内的循环,另一个是热泵工质在热泵机组内的循环。根据逆卡诺循环的原理,消耗少量的电能驱动热泵机组压缩机,热泵工质在蒸发器、压缩机、冷凝器和膨胀阀等部件中循环流动。高温高压的气态工质从压缩机中出来,流经冷凝器时将热量传给干燥介质,使干燥介质的温度升高,工质自身放热后由气态变成液态并经膨胀阀降压后进入蒸发器,在蒸发器中吸收低温热源的热量,工质由液态变成气态后进入压缩机,在压缩机中被再次压缩成高温高压的气体。这就是热泵工质的循环流程,它的主要功能是给干燥介质提供热量。地热热泵干燥系统中的干燥介质一般是热空气。热泵机组冷凝器可以直接用作干燥房加热器(图 5-14),也可以利用循环热水作为冷凝器和加热器的传热媒介(图 5-15)。前者可以获得较高的干燥温度,后者可以更加灵活地使用热泵机组。

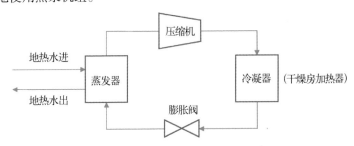

图 5-14　冷凝器直接加热的地热热泵干燥系统

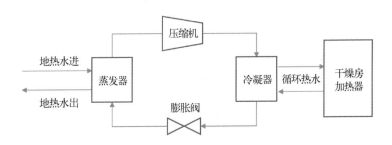

图 5-15　冷凝器间接加热的地热热泵干燥系统

2. 特点

（1）优点

地热热泵干燥系统拓宽了可用于干燥的地热水温度范围，使得温度较低的地热水也可以用于高温干燥领域。与以传统化石能源为热源的干燥房相比，地热热泵干燥系统没有烟气排放，不污染空气，是一种环境友好型新技术。热水型热泵的能效比很高，制热性能系数可以达到 5~6，再加上低温热源为免费的地热尾水，因此地热热泵干燥系统的能源成本很低，经济效益显著。

（2）缺点

当干燥规模相同时，地热热泵干燥系统的基建设备投资比常规干燥系统大。虽然两者在干燥房的投资方面基本相同，但地热热泵干燥系统对作为干燥热源的地热水循环系统和热泵机组的投资都远大于常规干燥系统对锅炉的投资。常规高温热泵机组的热水输出温度通常不超过 85℃，可以满足大部分干燥工艺要求，但较高温度的干燥条件要求较高的地热水温度（≥50℃），需利用超高温热泵技术，以产生 120℃ 的温度来拓宽地热热泵干燥系统的应用场景。

5.3.2　热泵干燥装置的工艺及性能参数

在设计一个热泵干燥装置之前，必须对其主要工艺参数进行确定，并且对工艺参数的变化范围进行限制，以便确定该装置的适用范围及在各种工况下的性能参数。

（1）干燥温度、湿度和时间

干燥温度、湿度一般分别是指干燥房内空气的温度、相对湿度。受限于热泵工质本身的热力学性质和压缩机的机械强度，目前常用的热泵干燥装置主要是中低温热泵干燥机，以提供 80℃ 以下的热风为主。高温热泵大多处于研发状态，高温干燥效率偏低。由于常用的热泵干燥装置主要用来进行中低温干燥，脱水速度小，因而干燥时间一般比较长，尤其当物料的含水率较低时，干燥时间会更长一些。

（2）功率和能耗

目前的热泵干燥装置以小功率、一体化机型为主。就一台热泵干燥机来说，其最大干燥能力是确定的。在选择热泵干燥机时，首先要计算被干燥物料开始干燥时单位时间内水分的总蒸发量，再根据水的汽化潜热计算此时热泵的供热功率。因为干

燥初期的干燥速率最大,所以此时的供热功率最大,实际上可按最大供热功率的
70%~80%来选择热泵干燥机。与常规干燥相比,热泵干燥可以节省能耗。但是,当
物料的含水率下降较大时,水分蒸发比较困难,耗时较长,会增加压缩机和风机的电
功消耗,节能率大大降低。

5.3.3　热泵干燥系统控制

1. 热泵干燥控制技术的基本原理

对热泵干燥过程的控制,就是根据被干燥物料的尺寸、物理性质、初含水率等特
性,将干燥房内的干燥介质(一般是热空气)的参数调节到最有利于物料干燥的值,实
际上主要调节的是干燥房内空气的温度和湿度。

不同物料及不同干燥阶段所要求的干燥温度、湿度往往不相同,这就要求热泵机
组能够在一定范围内调节干燥房内空气的温度和湿度。对于定频压缩机来说,调节
空气的温度和湿度主要靠开启与关闭压缩机。当压缩机停止工作时,工质就无法在
压缩机中获得热量,也就无法在冷凝器中输出热量,此时冷凝器开始降温。在开启压
缩机后,工质在压缩机中被压缩成高温高压的气体,在冷凝器中输出热量,使冷凝器
升温。目前,变频压缩机也开始应用在热泵干燥机组上,它通过调节频率来控制电机
转速。变频压缩机在每次启动后,先以最大功率、最大风量进行制热,迅速接近设定
的干燥温度,然后在低转速、低能耗状态下运转,仅以所需的功率维持设定的干燥温
度,这样不但维持了温度稳定,还避免了压缩机频繁地开开停停所造成的使用寿命的
衰减,而且耗电量大大下降,实现了高效节能。

目前,热泵干燥机完全通过电量进行操控,其中大部分由开关量控制,能够将
数据采集监控技术和热泵干燥技术相结合,形成热泵干燥控制技术。相较于普通
热风干燥技术,热泵干燥控制技术具有高效节能、产品质量好、无污染、控制精确等
优点。

2. 热泵干燥装置测控系统

热泵干燥装置测控系统一般包括软件和硬件两大部分。软件部分包含系统支持
软件、数据采集软件、系统运行测试程序以及打印数据和绘图的软件等。硬件部分由
多种物理量传感器、信号调理电路、数据采集电路、接口电路、微机及系统电源等
组成。

（1）软件总体结构

软件一般采用面向对象的方法进行模块化设计,使软件自顶向下按分层结构设计。功能模块建立在一些底层模块之上,并通过设计菜单将它们有机地结合起来,如图5-16所示。数据采集模块主要负责与下位机(智能巡检仪)进行通信,发送命令并获取所需的测试数据。参数监控模块主要负责系统运行参数的监测和控制。用户界面模块主要提供系统与用户的接口(进行输入、输出操作),用户也可以通过该界面修改系统参数。文档管理模块主要进行测试数据、测试报告的保存和打印。帮助功能模块主要提供简单的帮助说明。

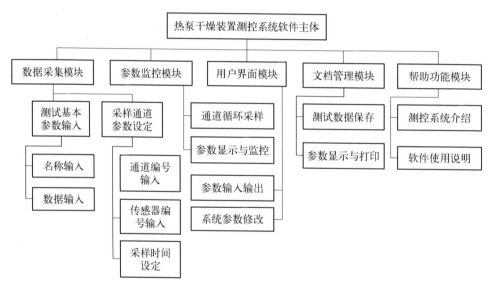

图5-16　热泵干燥装置测控系统的软件结构示意图

（2）硬件组成部分

硬件主要由计算机主机和外部设备组成,如图5-17所示。计算机主机是测控系统的核心,由中央处理器(central processing unit, CPU)和内存储器等组成,主要完成程序的存储和执行。外部设备包括过程输入输出通道、人机联系设备、外存储器、传感器、调节器和显示仪等工业自动化仪表。过程输入输出通道通过这些仪表和热泵干燥机组产生联系。

3. 热泵干燥系统的控制方法

对于热泵干燥系统,目前工程上有以下几种常用的控制方法。

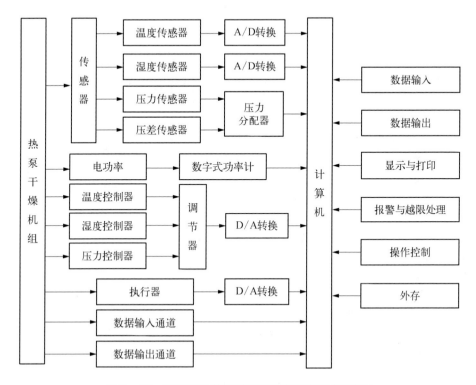

图 5-17　热泵干燥装置测控系统的硬件组成示意图

（1）湿球温度控制法

在干燥过程中,保持干燥房湿球温度不变,只提高干球温度。在干燥初始阶段,物料排湿比较容易,热泵提供的热量主要用于蒸发从物料中排出的自由水。因为水的汽化潜热较大,所以这时需要的热量较多。随着物料表层水分的排出,心层水分移向表层,排湿速度下降,干燥房内蒸发出的水分减少。在这个阶段,用于蒸发的热量逐渐减少,部分热量用于提高干燥房内的空气温度,而热泵提供的总热量也比初始阶段时少,这时热泵的负荷开始降低。随着空气温度(干球温度)不断提高,而湿球温度保持不变,干湿球温度差不断变大,空气的相对湿度逐渐降低。

湿球温度控制法可看成是由物料本身控制干燥过程的方法,主要通过一只湿球温度传感器来进行控制。在采用这种控制方法时,一般会配置辅助冷凝器和辅助加热器来保证干、湿球温度达到设定值。

（2）恒温恒湿控制法

恒温恒湿控制法是一种简单的半自动控制方法,主要利用恒温计和恒湿计来进行控制。根据物料干燥标准设定干燥房的极限温度和极限相对湿度。如果干燥房温度低于设定值,就开启辅助加热器;如果干燥房温度高于设定值,就开启辅助冷凝器或关闭压缩机。同样地,如果干燥房湿度低于设定值,就关闭压缩机,减少水分在冷凝器中的冷凝;如果干燥房湿度高于设定值,就开启压缩机,持续排湿。

在采用这种控制方法时,恒温计和恒湿计往往会给出相互矛盾的指令。比如,干燥房内的空气温度已上升到恒温计设定的极限值,恒温计发出关闭压缩机的指令,可是压缩机停止工作后会停止排湿,空气湿度上升,恒湿计发出开启压缩机的指令,因此造成压缩机时开时关。显然,这种情况对热泵干燥装置是不利的。为了防止出现这种现象,压缩机一般会配置一个缓冲装置,使之关停后经过一定时间才能重新启动。由此可见,为了保护整个热泵干燥系统,安装辅助冷凝器是非常必要的。

（3）计时控制法

计时控制法是指采用两个计时器来控制压缩机的运行和关停时间,压缩机是间歇性工作的。当压缩机运行时,加热和除湿同时进行。在压缩机关停期间,物料仍有一定温度,开始一段时间里仍然向外排出水分,当空气中的水分达到饱和时,物料的心层含水率和表层含水率趋于一致,达到平衡。这种控制方法的干燥速率较小,但物料干燥均匀。

（4）阀门控制法

当干燥房内的物料装载量很大时,在干燥初始阶段,物料排出的水分很多,除湿器的除湿能力相对不足,为了加大排湿速度,可打开排气阀门,使干燥房内的湿空气直接排出。到干燥末尾阶段,则可以通过排气阀门的开合,通过与外界空气的交换,调节干燥房内的空气温度。这种控制方法具有调节方便、简单及排湿快等优点,但同时会因湿热空气的排出而使热量损失。

（5）多台机组控制法

热泵干燥机组为了增加对负荷变化的适应性,减少能源无谓的消耗,有时候会采用多台小机组来代替大功率机组,或者增加换热器的数量。比如,有的热泵除湿机组会设置两台蒸发器,一台在干燥房内,主要用来除湿,另一台在干燥房外,主要用来吸取外界的热量。干燥房内的蒸发器通过控制不同压缩机的运行和关停,或者控制热泵工质在不同换热器中的循环来调节干燥房的温度和相对湿度,以最低能耗适应热负荷的变化。

5.3.4　热泵干燥创新技术

（1）高温蒸汽热泵干燥技术

热泵干燥技术主要基于热泵机组的供热能力,热泵机组的供热温度难以提升是目前热泵干燥技术推广的瓶颈之一。因此,近年来针对高温热泵机组开展了很多相关研究,并取得了一些成果。

经过技术攻关,解决了包括热泵工质与热泵机组各个部件的匹配、高温工况下工质在蒸发器和冷凝器中的高效换热、高温工况下压缩机运行的安全性和稳定性等在内的一系列技术难题。中国科学院广州能源研究所联合烟台欧森纳地源空调股份有限公司成功研制出国内首台中低温热源高温蒸汽热泵机组。在热源温度为 60℃ 的条件下,该机组可以直接产出 110~120℃ 的蒸汽,制热功率为 120 kW,蒸汽产量达到 120 kg/h,制热性能系数接近 3。该机组的成功研制填补了国内高温蒸汽热泵机组的空白。如果将此机组用于地热热泵干燥系统中,那么将会提升干燥介质的温度,拓展其应用范围。高温蒸汽热泵机组如图 5-18 所示。

图 5-18　高温蒸汽热泵机组

（2）低压过热蒸汽热泵干燥技术

过热蒸汽的传热系数和比热容都比空气的高,且过热蒸汽与被干燥物料的温差较大,使得物料中水分的传热、传质过程得以高效进行,因此过热蒸汽的干燥速率比常压热风的干燥速率大。虽然过热蒸汽的干燥效率高,但其在常压下的高温会使热敏性物料发生分解、聚合、氧化等变质反应,如食品因高温而腐败变质。针对过热蒸汽的高温问题,近年来研究人员提出低压过热蒸汽在低温条件下对热敏性物料进行干燥的方法。其原理为密闭环境中蒸汽的饱和蒸汽压正比于饱和温度,当把干燥箱抽成真空(或接近真空)时,其压力大幅下降,水蒸气可以在很低的温度下变成过热蒸汽,成为吸收物料中水分的干燥介质。低压过热蒸汽干燥的劣势在于低温时的干燥效率低,优势在于干燥后物料的品质好。通过低压过热蒸汽与其他干燥方式合理的联合使用,可以扬长避短,是此类干燥技术的发展方向之一。

中国科学院广州能源研究所设计了一种复合式干燥装置,可进行低压过热蒸汽和热泵的联合干燥,其组成如图5-19所示。该干燥装置的主体是一个可密封的不锈钢圆罐体,罐体外表面采用橡塑材料保温。初始蒸汽来源于电热蒸汽发生器。水环式真空泵用于抽罐体内的空气至设定压力。为了保证热泵干燥时装置性能的稳定,系统安装了两台热泵。一台热泵是除湿热泵,它的蒸发器安装在隔热顶棚上,用于冷凝来自物料的水蒸气,它的冷凝器安装在罐体外,用于向外排冷凝热。另一台热泵是加热热泵,其冷凝器安装在罐体内,用于加热干燥介质,其蒸发器安装在罐体外,用于

图5-19 低压过热蒸汽热泵干燥机组

吸收空气热量。还有一台辅助电加热器,在加热热泵停止工作或干燥温度不够高时开启。两台轴流风机用于干燥介质在干燥室内的循环。该干燥装置可用于实际生产,进行低压过热蒸汽干燥、热风干燥和热泵干燥等,是国内首台集合三种以上干燥模式的热泵干燥机组。

5.4　地热干燥技术应用及案例

根据国际可再生能源机构(International Renewable Energy Agency, IRENA)于 2022 年出版的地热能驱动农业-食品产业政策指南,2020 年全世界用于地热干燥的地热量为 250 MW 左右,共有 15 个国家报告使用地热资源干燥各种谷物、蔬菜和水果等作物,其中包括海藻(冰岛)、洋葱(美国)、小麦和其他谷物(塞尔维亚)、水果(萨尔瓦多、危地马拉和墨西哥)、苜蓿①(新西兰)、椰子肉(菲律宾)和木材(墨西哥、新西兰和罗马尼亚)。目前利用的总地热能为 2.03×10^{12} kJ/a,与 2000 年、2010 年相比分别增加了 28.8% 和 24.2%。

5.4.1　国外地热干燥案例

1. 墨西哥地热水果干燥

1995 年,由墨西哥国立自治大学工程研究所开发、墨西哥地热能源创新中心资助的地热干果加工厂在墨西哥洛斯阿祖弗雷斯建成。该厂位于 Los Azufres 地热田,有 3 个用于水果脱水的地热干燥室,每个干燥室的长度约为 20 m,干燥室温度均为 60℃。该厂每天最大新鲜水果处理量为 3 000 kg,每天可生产 900 kg 成品干果。在该厂干燥的水果包括菠萝蜜、芒果、菠萝和番茄等。当时,当地有约 50 人直接受雇于地热干果加工厂,其中 90% 的雇员为女性,还有约 10 人间接从该厂得到了工作机会。该厂的兴建有力地改善了当地居民的就业状况,尤其是为女性提供了更多的就业机会,促进了当地的经济发展。

2. 美国地热洋葱干燥

坐落在美国内华达州芬利附近地热区的一座地热食品加工厂主要加工洋葱,生

---

① 在新西兰,常用的名字是卢塞恩。

产各种等级的干洋葱,从粉状的到各种大小的粒状的都有。利用地热流体为工厂供热,最终产品的含水率为3.5%~5%。该厂从1978年开始运行,每年5~11月进行生产经营。

该厂地热井的井口流体温度为154℃,压力为1.31 MPa,泵出的流量为170.3 m³/h。在此条件下的饱和蒸汽压为0.44 MPa。系统压力几乎达到了饱和蒸汽压的3倍,从而保证地热流体始终处于液态。系统的高压运行也防止了热水盘管和管道的严重结垢。地热流体的排放温度为42.2℃,压力为0.28 MPa。

洋葱的最初含水率为50%,经过三级处理和一个干燥器,最终产品的含水率约为5%。洋葱通过一条长58 m的连续输运式食品干燥器进行脱水。该干燥器是利用被地热流体加热的热空气吹过一条带孔的不锈钢传送带来干燥洋葱的。地热流体与干燥空气的传热过程是通过钢制热水加热盘管实现的。整个工艺流程如图5-20所示。

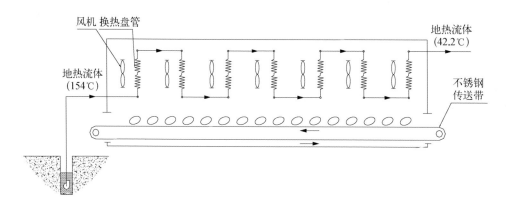

图5-20 美国某地热食品加工厂地热洋葱干燥装置示意图

第二座建设的地热洋葱和大蒜加工厂采用一台单线连续传送干燥器,每年生产6 350 t干燥产品,其中60%为洋葱,40%为大蒜。流量为204 m³/h的130℃地热流体为工厂提供4 102 kW的热量。

5.4.2 国内地热干燥案例

1. 广东省丰顺县金德宝酒店地热干燥项目
该项目为国家科技支撑计划课题"地热资源综合梯级利用集成技术研究"的示范

工程中"地热制冷—地热干燥—温泉洗浴—地热热泵"四级利用的第二环节。地热干燥所用地热水是地热制冷的尾水,温度为60℃,地热利用温差为10℃。结合广东丰顺当地的农副产品情况,选择龙眼和杏鲍菇作为干燥对象。

（1）装置结构设计

地热干燥装置包括2间有效容积为30 m³的干燥房,每间干燥房每个周期的干燥能力可达到5 t。干燥房均装有完全独立的加热机构、调湿机构、换气机构、强制气流循环机构以及前端测量与控制机构。干燥房设计成载车装载式、顶风机型结构,干燥房内的机电设备包括保温壳体、加热设备、通风设备、换气设备等部分。干燥房结构设计如图5-21所示,外观如图5-22所示。

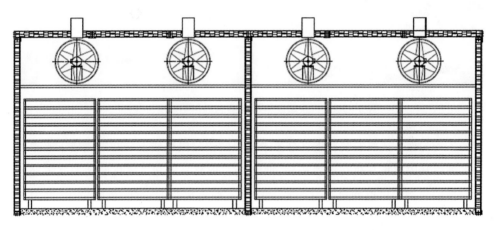

图5-21　广东丰顺金德宝酒店地热干燥房结构设计示意图

① 壳体与保温门:本系统设备设计成两单元连体形式,紧凑、省地,容易实现集中控制。干燥房采用双面不锈钢夹层保温结构,保温层的厚度为10 mm。

② 加热系统:本系统由4台散热面积均为32 m²的热交换器组成。加热器要求既要具有良好的热传导性能,又要具有一定的刚度和很强的耐腐蚀性。加热器安装于循环风机的两侧,两侧的加热器可同时工作,也可根据风机的旋转方向及设定的温度参数独立工作,以达到最佳的节能效果。

③ 强制循环通风与换气系统:每间干燥房的顶部安装3台风量均为12 000 m³/h的6号铝合金轴流风机做强制循环通风,保证干燥房内空气以0.5~2 m/s的速度流过载车每层间隙与热交换器翅片传递热量,促使干燥房内各处环境的温度、湿度均匀一致,干燥速率一致。风机的定时换向也会减少物料进气侧和出气侧的温度、湿

图 5‐22　广东丰顺金德宝酒店地热干燥房外观图

度的不均匀性。风机安装在垂直悬吊于房顶的铝制隔风墙上。在隔风墙下水平安装的波纹状隔风板与热交换器相接,把风机与物料分隔开。风机扇动的气流经过热交换器和物料层返回风机另一侧。这是一种短风路的设计,风阻较小,升温较快,温度较均匀。

④ 连体房排湿换气系统:本系统设在干燥房的顶部,每单元由一组不锈钢换气管组成。如图 5‐23 所示,每个管口装有蝶阀,6 只蝶阀由连动杆连接,同时动作,构成一套换气门。6 条风管的特定结构保证进气和出气的合理布局。当风机转动方向改变时,换气流的方向随之改变。换气门由一套伺服机构驱动,由控制系统控制其开启度,从而控制排湿量的大小,以调整干燥房内的湿度环境。

⑤ 载车装载:本设计采用载车装载的方式,如图 5‐24 所示。每间干燥房内有 9 辆物料载车(尺寸为 1 100 mm×1 300 mm×2 800 mm),载车的物料架层之间的距离可以根据不同的物料进行调节,装载灵活、方便。

(2) 干燥系统测试及数据分析

① 干燥流场温度均匀性

干燥前期干燥房温度不够均匀,到了干燥后期趋于一致。温度场分布随时间有

图 5-23　广东丰顺金德宝酒店地热干燥房排湿换气装置

图 5-24　车载式物料架

规律地发生周期性变化。如图 5-25 所示,干燥房顶部温度在干燥初始阶段(阶段 1 和阶段 2)比干燥房中、底部温度低 4~6℃,到了阶段 3 和阶段 4,温差逐渐减小。

② 干燥速率

图 5-26 为物料质量随时间的变化曲线。由图可见,随着干燥时间的增加,物料干燥速率呈现先增加后减少的趋势,阶段 2 的物料干燥速率最大,阶段 3 和阶段 4 的物料干燥速率逐渐下降。

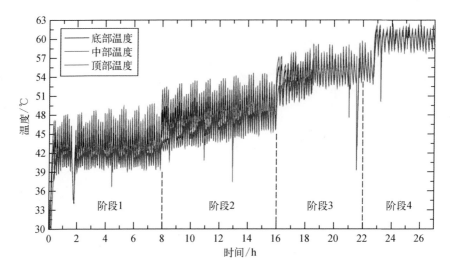

图 5 - 25　干燥房不同部位气流温度与时间的对应变化曲线

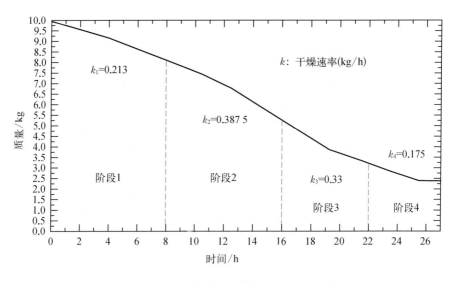

图 5 - 26　物料质量与时间的对应变化曲线

③ 干燥能耗

图 5 - 27 为干燥系统 4 个阶段能耗分布。由图可见,4 个阶段的能耗总量呈递减趋势。能量有"量"与"质"之分,对系统能耗的分析不仅要从"量"的方面考虑,还应从"质"的方面分析。引入干燥系统的能耗因子 η,该参数为蒸发单位质量的水分所需要消耗的能量,计算公式如下:

$$\eta = \frac{\Delta E}{\Delta M} \tag{5-7}$$

式中，ΔE 为每个阶段的能耗，kJ；ΔM 为每个阶段的物料水分蒸发量，kg。

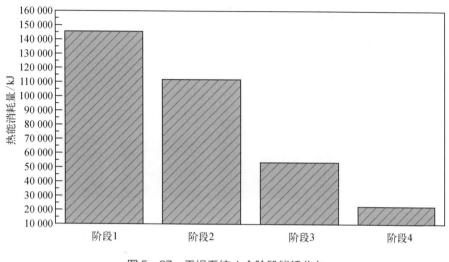

图 5-27　干燥系统 4 个阶段能耗分布

根据式（5-7），对每个阶段的能耗因子进行计算，结果如图 5-28 所示。阶段 1 的能耗因子最高，蒸发单位质量的水分需要消耗 749 kJ 热能，这是因为阶段 1 的干燥温度较低，热源品位低，消耗能量过多。阶段 2 的能耗因子高于阶段 3 和阶段 4，原因与阶段 1 的相同。阶段 4 的能耗因子高于阶段 3 的能耗因子是因为干燥后期物料的含水率较低，水分子和物料之间的吸引力增大，使水分子脱附需要消耗更多的能量。

2. 河南省延津县地热干燥装置

2014 年，在河南省延津县克明面业股份有限公司（以下简称克明面业）内施工 6 眼（三采三灌）地热井，水温高达 75℃，单井涌水量为 80 m³/h。采用一采一灌的"对井"开采回灌模式，利用潜水泵抽取地热井中的地热水（75℃）并输送至挂面烘干车间，通过热交换提取地热水中的热量对挂面进行烘干，尾水（45℃）通过加压回灌到地热井中，以实现地热资源可持续开发，工艺流程如图 5-29 所示。

（1）经济效益分析

地热利用一次性总投入（成井及配套费用等）为 1 700 万元；每年能源费用为 388

万元,人工费为 10 万元,运行 15 年的能源费用为 5 820 万元,人工费为 150 万元。总共需要成本 7 670 万元。其与焦炭锅炉的投资成本对比见表 5-1。

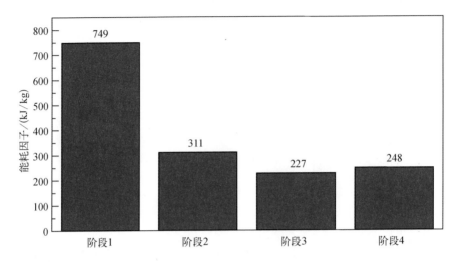

图 5-28　干燥系统 4 个阶段能耗因子

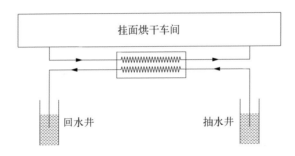

图 5-29　河南延津克明面业地热挂面烘干车间示意图

表 5-1　焦炭锅炉与地热井投资成本对比

能源使用方式	数量	投资额/万元	能源费用/(万元/a)	人工费/(万元/a)	运行时间/a	总成本/(万元/15 a)
焦炭锅炉	6	330	1 071	30	15	16 845
地热井	6	1 700	388	10	15	7 670
经济效益对比	利用地热能可节省成本 9 175 万元/15 a					

（2）环境效益分析

河南延津克明面业 6 眼地热井每年使用 $1.7×10^6$ t 地热水，提取 $1.99×10^{11}$ kJ 地热能，相当于节约燃烧 $6.8×10^3$ t 标准煤，每年减少约 $1.8×10^4$ t CO_2、约 57 t SO_2、约 50 t 氮氧化物排放，环境效益显著。

参考文献

[1] 周念沪.地热资源开发利用实务全书（第二册）[M].北京：中国地质科学出版社,2005.

[2] 中国石化集团上海工程有限公司,金国淼.干燥器[M].北京：化学工业出版社,2008.

[3] 朱家玲.地热能开发与应用技术[M].北京：化学工业出版社,2006.

[4] 白卫国,陈柏旭,陈德洋,等.细叶云南松天然林和人工林木材干燥特性[J].福建林业科技,2016,43（2）：106 - 111.

[5] Lund J W, Boyd T L. Direct utilization of geothermal energy 2015 worldwide review[J]. Geothermics, 2016, 60：66 - 93.

[6] Calise F, Di Fraia S, Macaluso A, et al. A geothermal energy system for wastewater sludge drying and electricity production in a small island[J]. Energy, 2018, 163：130 - 143.

[7] 邢丙丙.地热——太阳能干燥室温室兼用装置研究[J].河北省科学院学报,1992,1：7 - 15.

[8] 王宝和,王喜忠.地热干燥[J].南京林业大学学报,1997,21（S1）：217 - 220.

[9] 朱龙惠,许静秋,欧志云.地热农副产品干燥装置的设计和中间试验[J].农业工程学报,1992,8（1）：92 - 98.

[10] 刘喜梅,杨德贵,刘攀峰.地热资源的工业化利用探讨[J].地下水,2018,40（6）：60 - 61.

[11] International Renewable Energy Agency. Powering agri-food value chains with geothermal heat：A guidebook for policy makers[EB/OL]. [2023 - 06 - 06]. https：//www.irena.org/ Publications/2022/Jun/Powering-Agri-food-Value-Chains-with-Geothermal-Heat.

第 6 章
地热其他直接利用

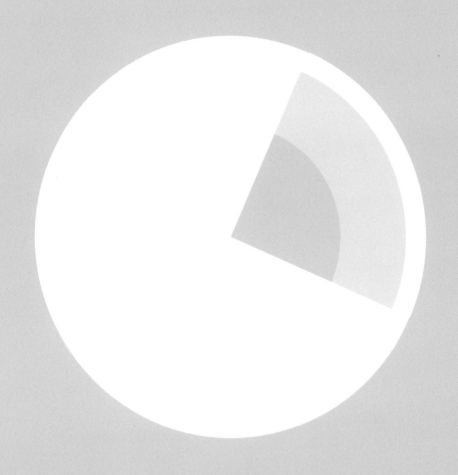

6.1 地热温室

6.1.1 地热温室结构类型

大多数地热温室的结构如图6-1所示。选用塑料或玻璃作为覆盖物,以最小的成本最大限度地覆盖地面,获得最大的日照百分率,并在结构上坚固、方便,这是不同类型温室发展的基本准则。现在大多数地热温室采用塑料覆盖物,主要有以下几种类型。

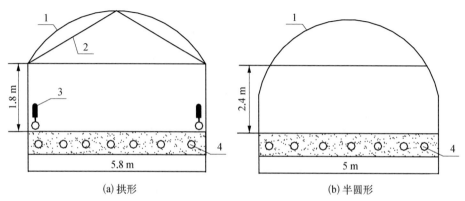

(a) 拱形　　　　　　　　　　　　　(b) 半圆形

1—温室覆盖物(聚乙烯薄膜);2—温室框架;3—室内散热器;4—地下加热管道

图6-1　单屋面地热温室结构示意图

(1)屋脊温室

屋脊温室有连栋和单栋两种形式。椽子是木料的,在椽子上面覆盖软质薄膜,在薄膜上面采用压条,然后用钉子将压条固定在椽子上,使薄膜不易游动,抗风性能好且操作简单。特别是在强风地区或积雪地区,多采用这种温室。

(2)拱圆形温室

拱圆形温室的骨架以钢架为主,大多使用角钢,间距为1.8~2 m,屋顶呈拱圆形,这样可以减少风的阻力和薄膜的抖动。檩条采用圆竹或方木,近年来随着新材料的出现,尽量采用有铁丝筋的聚氯乙烯杆或玻璃钢杆,力求延长使用年限。这种温室多是连栋的,适宜种植黄瓜、番茄、茄子、青椒、芹菜等,已在日本实现广泛应用。

(3)大型塑料温室

大型塑料温室是在1965年前后诞生的。为了使屋顶上有稍缓的斜坡,温室中腰呈拱圆状略有突出,两侧外张,对风的阻力有所减小。其结构的主要部分采用钢材,其他部件采用竹片、竹竿等。为了提高种植面积,减少室内中柱,一般跨度在 10 m 以上,甚至达到 18 m。这种温室的最小面积约为 1 000 m^2。为了能够全年使用,必须既有耐夏季高温的通风换气系统,也有保持冬季室内正常温度的供暖系统。利用地热供暖系统,不仅能使温度保持均匀,而且能节约燃料。

(4) 管架温室

管架温室采用可弯曲的直管,从左、右两边向中央连接而形成骨架,组装和拆卸都很简单,但只适合用于冬季不需要加温或微加温时,以及植株低矮的作物,如草莓。这种温室一般为单栋形式,也有跨度较大的连栋形式。

在我国北方有地热资源的地区,许多温室利用地热供暖系统,以保持冬季作物正常生长所需的温度。地热温室中的地热供暖系统如图 6-2 所示。

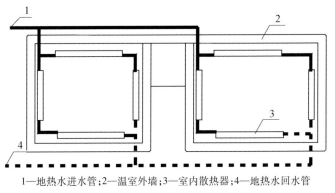

1—地热水进水管;2—温室外墙;3—室内散热器;4—地热水回水管

图 6-2 地热温室中地热供暖系统平面图

6.1.2 地热温室加热方式

(1) 加热方式

地热温室加热方式有热水供暖、热风供暖和地下供暖等。热水供暖是指通过热水管或散热器散热,只要热水管或散热器布置均匀,室内温度分布就很均匀,70℃ 左右的管道即便接近茎叶,对该作物生长也影响不大。地热水温度变化甚小,管理比较容易。其缺点是散热设备不能移动,当温室面积大或位置分散时,管道延伸过长,各个温室里的温度难以一致。热风供暖不需要很长的输热管道,温室内直接利用地热水通过散热设备加热空气,因此设备简单、造价低、质量小、容易移动、便于控制。其缺点是室内温度分布的均匀性不如热水供暖的效果好,特别是温室上部温度可能较高,而地面温度低,不利于地温的提高。地下供暖,将地热水管线埋在地下,用来提高地面温度和温室内的空气温度,促进作物根系的生长发育。随着农业技术和材料科学的发展,现在地热温室大多采用热风供暖和地下供暖相结合的方式,同时利用散热设备加热和地下埋管加热。地热温室室外管网大多采用并联布置方式,这样各个温室里的温度分布比较均匀(图6-3)。

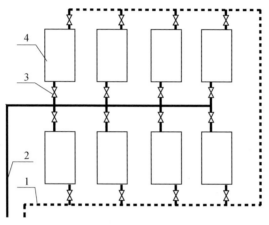

1—地热水回水管;2—地热水进水管;3—阀门;4—地热温室

图6-3　地热温室室外管网布置平面图

地热温室采用的地下管网的布置方式有多种,可以采用串联管网,也可以采用并联管网,但目前大多数采用并联管网(图6-4)。

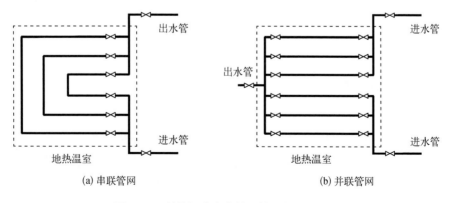

(a) 串联管网　　　　　　　　　　(b) 并联管网

图6-4　地热温室室内地下管网布置平面图

（2）热负荷计算

地热温室的热负荷就是温室损失的热量。它等于温室表面损失的热量、温室缝隙渗入冷风损失的热量和地面散失的热量总和。

① 温室表面损失的热量

温室表面损失热量的计算公式如下：

$$Q_1 = K_1 \times S_1 \times \Delta T \times t_1 \tag{6-1}$$

式中，K_1 为温室表面传热系数，$W/(m^2 \cdot ℃)$；S_1 为温室表面积，m^2；ΔT 为温室内设计温度和冬季温室外平均温度之差，℃；t_1 为对应时间，s。

② 温室缝隙渗入冷风损失的热量

温室缝隙渗入冷风损失热量的计算公式如下：

$$Q_2 = R \times V_p \times c_A \times \Delta T \tag{6-2}$$

式中，R 为换气次数；V_p 为温室体积，m^3；c_A 为空气比热，$J/(m^3 \cdot ℃)$；ΔT 为温室内设计温度和冬季温室外平均温度之差，℃。

③ 地面散失的热量

地面散失热量的计算公式如下：

$$Q_3 = K_2 \times S_2 \times \Delta T' \times t_2 \tag{6-3}$$

式中，K_2 为地面传热系数，$W/(m^2 \cdot ℃)$；S_2 为地面面积，m^2；$\Delta T'$ 为温室内设计温度和地面温度之差，℃；t_2 为对应时间，s。

④ 地热温室的热负荷

地热温室的热负荷计算公式如下：

$$Q_p = Q_1 + Q_2 + Q_3 \tag{6-4}$$

6.1.3　地热温室案例

InfraCore 苗圃位于新西兰罗托鲁阿市政府花园内，苗圃设施包括 7 个温室、办公室、储物棚、换热装置房、大型植物展销台。其中，6 个温室采用 1 口地热井进行供热，井深约为 120 m，取水深度为 90 m，井口流体温度约为 134℃，地热水流量可达 5.34 kg/s，采用一采一灌形式，该地热温室系统如图 6-5 所示。已建成的地热温室的建筑面积为 1 463 m²,建筑容积为 4 697 m³。温室的屋顶采用双层聚乙烯薄膜,并设有一个空气充气系统以提高温室保温效率。温室的墙采用单层聚乙烯薄膜,同时建有 1 m 高的木制或混凝土围栏。通过控制空气循环参数,实现温室空间内的温度控制及空气质量控制。经地热温室培育的花圃幼苗如图 6-6 所示。

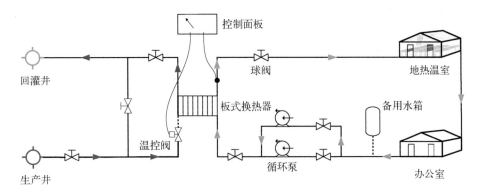

图 6-5　新西兰罗托鲁阿地热温室系统平面图

图 6-6　新西兰罗托鲁阿地热温室培育花圃幼苗

6.2　地热养殖

6.2.1　地热养殖方式

　　我国地热养殖主要养殖的是罗非鱼、鳗鱼、甲鱼、塘鲺、白鲳、福寿螺等,随着农业技术的不断发展,养殖的品种越来越多。养殖的物种不同,采用的养殖方式就不同。

一般地热养殖鳗鱼采用水泥池带拱形塑料大棚,地热养殖罗非鱼采用土池带塑料大棚或敞开式的,地热养殖甲鱼时北方采用砖木结构水泥池而南方采用土池带塑料大棚。

(1) 地热养殖罗非鱼

随着罗非鱼养殖品种的更新,罗非鱼的养殖利润逐年增加,鱼种供不应求。其中,罗非鱼的越冬养殖是缓解供需矛盾的一个重要环节,而利用地热水越冬养殖罗非鱼可以获得较高的经济效益和社会效益。地热养殖罗非鱼池如图 6-7(a)所示。

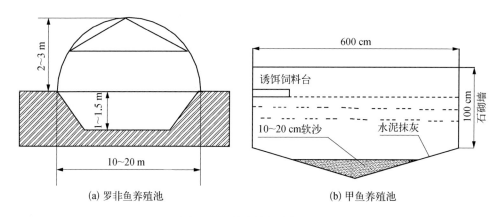

(a) 罗非鱼养殖池   (b) 甲鱼养殖池

图 6-7   地热养鱼池剖面图

这种温室养殖池一般采用树脂棚面,四周铺双层薄膜,中间加泡沫塑料板,保温性能好。在我国北方地区,当 10 月中旬水温降至 17℃ 左右时,需要将室外养殖的罗非鱼苗移入温室水池。对温室水池中水质和水温都有一定的要求,其中水温控制在 20℃ 左右,当水温降低时,加注地热水以调节池水温度,以夜间加注为主,加注新水的时候必须注意温差不宜过大。4 月鱼种出池也是一个重要环节,要求水温稳定在 18℃ 左右。

(2) 地热养殖甲鱼

利用地热水养殖甲鱼,产量高,效益好。甲鱼的养殖需要采用先进的人工配方饲料以保证甲鱼的营养需要,科学地进行分级饲养管理,加强病害防治,同时对池水温度的要求也很高。根据试验,在 30℃ 水温中养殖甲鱼,饲料转化率最高,甲鱼生长最快。一般地热养殖甲鱼池采用钢架塑料大棚[图 6-7(b)],用 51~59℃ 的地热水调温,终年保持水温在 28~30℃,使得甲鱼在恒温下生长,到冬季时当年的甲鱼苗就可以长成 50 g 以上的幼甲鱼。现在甲鱼的养殖大多采用集约化养殖方式,由于甲鱼的排泄物量很大,因而容易破坏水质。结合水温调节过程,将池水进行部分替换,但仍然需要保持中等肥度,以透明度为 25~30 cm 为宜,使得日光、养分、温度取得良好的协调,促使水中绿色藻类大量繁殖,起到生物调节水质的作用,有利于提高甲鱼的养殖成活率。

（3）地热养殖对虾

地热养殖对虾池的斜坡面斜度为 1∶1 或 1∶1.5。斜坡夯实后采用砖砌护坡、水泥砂浆勾缝,池底层采用素土夯实,实土质不是黏土的应采用砖铺底,再铺 20 cm 厚的砂垫层。池深约为 2 m,水深为 1~1.5 m,见图 6-8。对虾的养殖温度一般在 20℃左右。

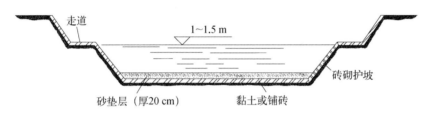

图 6-8　地热养殖对虾池剖面图

6.2.2　地热养殖温度控制

不同鱼类生长所需要的温度不同。例如,罗非鱼各个生长阶段适合的温度范围为 17~28℃,甲鱼适合生长于 30℃左右的温度下。但地热水温度一般都比较高,超出鱼类生长温度范围,因此必须调节、控制养鱼池温度,使其满足不同鱼类的生长需要。为了维持冬季养鱼池温度,使鱼苗顺利越冬,必须经常用人工调节地热水流量的方法来控制养鱼池温度。但这种控制养鱼池温度的方法精度不高,对鱼类的生长不利,而且浪费人力和地热水资源。随着计算机科学的发展,养鱼池温度的全自动控制系统已经得到广泛应用,其基本原理如图 6-9 所示。

该温度全自动控制系统由硬件和软件两部分组成。硬件部分是实现全自动控制的基础(图 6-10)。其中,温度检测输入电路由测温电桥和放大电路构成。它利用感温元件热敏电阻的阻值随温度变化的特性,将温度的变化经过不平衡电桥和放大器转换成电压信号,然后输送到模/数转换模块,该模块则把代表温度的电压模拟量转换成计算机可以接受的数字量,以供计算机进行处理。定时电路可以对养鱼池温度进行定点、定时的检测和控制。由于养鱼池的热容比较大,温度变化缓慢,因而不必连续采集温度数据和进行调温,一般可以每 10 min 进行一次检测,然后根据新的检测值进行控温。控制输出电路的作用是将计算机输出的控制信号放大,使可控开关关闭或导通,以此控制电磁阀的开、闭,比较精确地控制养鱼池温度。软件部分负责组织、协调各硬件设备的工作,可以根据不同要求自行编制软件。

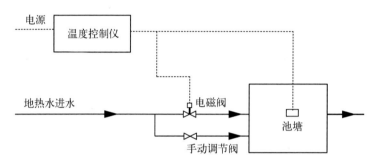

图 6-9　地热养鱼池温度全自动控制系统基本原理图

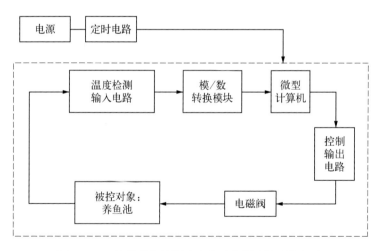

图 6-10　地热养鱼池温度全自动控制系统硬件部分

6.2.3　地热养殖案例

Porto Lagos 港口是希腊色雷斯的一个风景优美的港口,同时也是当地著名的水产养殖基地之一,其中露天养鱼池自 1950 年便开始运营,拥有本地的养鱼合作社,养殖鲻鱼、银白鱼、鳗鱼等多种鱼类。Porto Lagos 港口的地热资源丰富,地热资源富集区超过 20 km²,地热含水层的顶部在 400~440 m,平均水温为 34℃,地热流体主要用于加热与大海相连的露天池塘,以防止结冰,为各种鱼类提供越冬的栖息地。地热养鱼池加热系统由三口井组成,其中两口井的总流量为 80 m³/h,水温分别为 32.5℃ 和 35℃,来自地热生产井的地热流体先被送到一个铁制集水器中,然后通过多根塑料管注入开放的越冬养鱼池。如果最初的两口井中的地热水不能维持池水温度稳定,即当池水温度降到 4℃ 以下时,那么另外一口地热浅井将投入使用。该井的流量为 80 m³/h,水温为 18.5℃,井水被送到集水器中与来自其他两口井的地热水混合,然后输送至越冬养鱼池中。该地热养鱼池加热系统自 1998 年开始运行,可保证 20 000 m² 养鱼池的温度稳定。越冬养鱼池中地热水的主要化学成分与参数如表 6-1 所示。

表6-1　越冬养鱼池中地热水的主要化学成分与参数

项　　目	1 号井	2 号井	3 号井
pH(15℃)	7.37	7.32	6.85
电导率/(μS/cm)	5 630	2 575	79 730
总硬度/°F	55	31	1 566
Cl^- 含量/(mg/L)	1 702.1	638.3	27 658
SO_4^{2-} 含量/(mg/L)	136	117.6	505.5
SO_2 含量/(mg/L)	74.9	70.62	10.7
Ca^{2+} 含量/(mg/L)	181.96	88.18	1 372.3
Mg^{2+} 含量/(mg/L)	23.33	21.87	2 973.4
Na^+ 含量/(mg/L)	1 090	450	9 900
K^+ 含量/(mg/L)	18	13	380
HCO_3^- 含量/(mg/L)	522.16	389.18	563.84
NH_3 含量/(mg/L)	0.973	0.309	17.05

项　　目	1 号井	2 号井	3 号井
CO_3^{2-} 含量/（mg/L）	0	0	2.5
NO_3^- 含量/（mg/L）	0	0	0
B 含量/（mg/L）	2.3	1.8	4
Fe^{3+} 含量/（mg/L）	0.114	0.122	0.214
Mn^{2+} 含量/（mg/L）	0.326	0.432	22.8
Br^- 含量/（mg/L）	0.06	0	0.22
As 含量/（mg/L）	0.25	0.08	0.008
Cd 含量/（mg/L）	0	0	0
Pb 含量/（mg/L）	0	0	0
Sb 含量/（mg/L）	0.004	0.000 1	0.007
Sr 含量/（mg/L）	3	7.8	1.4

6.3　地热温泉康养

6.3.1　地热水的化学成分

地热水主要是含无机盐的水溶液，除二氧化硅之外，这些盐大多能离解形成电导率很高的离子溶液，如河北省河间市 16 号井中的地热水就是强电解质溶液。由于胶体在高温的电解质溶液中稳定性很差，因此地热水的组成元素主要是呈离子状态迁移的。其中，Na^+、K^+、Ca^{2+}、Mg^{2+}、Cl^-、SO_4^{2-}、HCO_3^- 七种离子分布较为广泛，它们的总含量通常占 90% 以上。

一价碱金属的化合物通常容易溶解，如 NaCl、KCl、Na_2SO_4 等，而且 Cl^- 和 Na^+ 的迁移能力很强，因此它们在地热水中的含量普遍很高，从而导致地热水的矿化度增加。虽然地壳中 K 和 Na 的含量相差不大，但地热水中 K^+ 含量却少得多，一般不足 Na^+ 含量的 10%,这是由于 K^+ 比 Na^+ 的吸附能大,更易被岩土吸附。二价碱土金属在地热水中易形成难溶解的化合物,如 $CaCO_3$、$MgCO_3$、$CaSO_4$ 等,但由于岩土对 Ca^{2+} 和 Mg^{2+} 的吸附作用占优势,因此地热水中 Ca^{2+} 含量、Mg^{2+} 含量较 Na^+ 含量要少得多。地热水的另外一个特点是其中氟和二氧化硅的含量均远比一般地下水中高。

地热水的水质是影响环境的主要因素。这里以开发较早的华北地区、广东省、福建省福州市为重点进行分析研究。华北地区开发的地热资源,水温为 38 ~ 118℃,属于中低温型。其地热水大多属于 $HCO_3^- - Cl^- - Na^+$ 型,HCO_3^- 含量为 200 ~ 2 456 mg/L,Cl^- 含量为 404 ~ 4 020 mg/L,Na^+ 含量为 540 ~ 4 580 mg/L,pH 呈弱碱性。由表 6 - 2 中的水质分析结果可以看出,华北地区地热水的水质特征:一是矿化度高,一般为 1 640 ~ 13 000 mg/L;二是氟含量较高,为 4 ~ 10.6 mg/L。矿化度和氟含量均高于我国农田灌溉及渔业水质标准。另外,其地热水还常常含有重金属(如 Hg)和某些有害元素(如 As)以及各种无机盐。这些盐形成的离子溶液具有较高的电导率,例如河北省河间市 16 号井中地热水的电导率达 10 000 μS/cm,是强电解质溶液。

表 6 - 2　华北地区地热水的化学成分及与有关水质标准比较

	河北河间(16号井)	河北保定雄县		河北保定高阳(4号井)	天津静海团泊村	农田灌溉水质标准	渔业水质标准	饮用水水质标准
		古庄头	文家营					
pH	7.5	7.7	7.6	7.5	7.2	5.5 ~ 8.5	6.5 ~ 8.5(淡水)	—
矿化度/(g/L)	6.7	2.93	2.98	5.6	2.02	<1.5	—	<1
酚含量/(mg/L)	0.034	<0.002	<0.002	0.04	—	<1	<0.005	—
钠含量/(mg/L)	1 980	865	915	1 755	532	—	—	—
钾含量/(mg/L)	178	67	59	162	65	—	—	—
镁含量/(mg/L)	34	18	25	10	15	—	—	—

	河北河间（16号井）	河北保定雄县		河北保定高阳（4号井）	天津静海团泊村	农田灌溉水质标准	渔业水质标准	饮用水水质标准
		古庄头	文家营					
钙含量 /（mg/L）	220	48	38	69	45	—	—	—
镉含量 /（mg/L）	<0.000 13	<0.000 1	<0.000 1	0.01	<0.01	<0.005	<0.005	<0.01
汞含量 /（mg/L）	0.000 14	0.001 5	0.001 7	<0.000 1	<0.000 1	—	—	<0.001
砷含量 /（mg/L）	<0.02	<0.02	<0.02	0.6	0.014	<0.05	<0.1	<0.05
氟含量 /（mg/L）	7.2	6.1	6.9	7.64	7.28	<3	<1	<1
铁含量 /（mg/L）	0.81	0.21	<0.005	0.48	0.14	—	—	<0.3
重碳酸盐含量/（mg/L）	372	644	496	702	366	—	—	—
氯化物含量/（mg/L）	2 510	1 152	1 348	2 630	567	—	—	<250
硫化物含量/（mg/L）	0.52	0.054	—	0.1	0.33	<1	<0.2	不得检出
硫酸盐含量/（mg/L）	1 150	<5	<5	94	372	—	—	—

　　广东省丰顺县、从化区都是著名的温泉之乡，其地热水的化学类型均为 HCO_3^- - Na^+ 型。HCO_3^- 含量占绝对优势，为 127 ~ 254 mg/L，Na^+ 含量为 73 ~ 170 mg/L，pH 为 7 ~ 8.7，呈中偏弱碱性。其地热水最突出的特点是含有较高含量的氟和二氧化硅，氟含量为 9 ~ 16.5 mg/L，二氧化硅含量为 78 ~ 115 mg/L。

　　福建省福州市地热水的化学类型以 Cl^- - SO_4^{2-} - Na^+ 型为主。Cl^- 含量为 17 ~ 307 mg/L，SO_4^{2-} 含量为 81 ~ 189 mg/L，Na^+ 含量为 94 ~ 354 mg/L，矿化度为 250 ~ 900 mg/L。另外，氟含量普遍较高（7 ~ 16 mg/L），而其他组分（如 As、Hg 等）的含量均未超过饮用水水质标准。

6.3.2　地热水的疗养价值

地热水的生理作用,概括起来可归纳为非特异性作用和特异性作用两类。

1. 地热水的非特异性作用

(1) 温度的刺激作用

温度的刺激作用可分为温热作用、不感温作用、凉冷作用。

① 温热作用　温热水浴的温度(36～39℃)高于皮肤温度,其接触皮肤时给人体以温热刺激,使皮肤发红,血管扩张,体温升高,脉搏加速,血压下降,心排血量增加,有明显兴奋心血管功能。而 40～42℃的高温水浴可使人体过热,体温上升,血压上升,大量排汗,呼吸加快而增加心脏负荷。

② 不感温作用　不感温水浴(33～35℃)对皮肤无明显刺激作用,此时人体几乎被无刺激的地热水包围,隔断其他外界因素对皮肤的刺激,因而减少传向大脑皮层的神经冲动,增强大脑皮层的抑制过程,故有镇静作用。同时人体散热减少,因储存一定的热能,故不引起明显的温度调节反应,可使肌肉紧张度降低,血管扩张,从而减轻心血管系统负担。

③ 凉冷作用　在冷水浴(25～32℃)时,水温较皮肤温度低,如接触时间短,可给人体以寒冷刺激,使皮肤苍白,血管痉挛,血压上升;如接触时间长,可使血管扩张,血压恢复,此时精神兴奋,有舒适温热感,并且代谢亢进,人体产热增加、肌力增强、神经系统兴奋性提高。长期坚持冷水浴对人体有锻炼作用,可加速热代谢及增强心血管系统功能。

(2) 泉水的浮力作用

人体浸在水中时失去的重力约等于自身重力的 9/10。浮力是人体与同体积水之间产生的重力差,故人在水中重力变小,运动变得容易,有利于运动障碍患者的肢体活动。

(3) 静水压力的作用

人在盆浴时所受静水压力为 40～60 g/cm^2,在水中站立时两足周围的水压可达 100～150 g/cm^2。水可压迫胸、腹、四肢,使呼气易、吸气难,从而加强呼吸运动和加速气体代谢,同时可压迫体表血管及淋巴管,使血液易回流,从而引起体液进行再分配。

(4) 动水压力的作用

当水流冲击人体时,皮肤、肌肉会受到机械刺激,即使在静水状态下,人在水中运动时也会受到机械刺激。此作用可促进血液循环及淋巴循环,增强温热作用的循环改善效果。

2. 地热水的特异性作用

地热水的成分极为复杂,对人体的影响是综合性的,但每种地热水都因所含特殊成分的不同而具有特异性作用。特异性作用是指地热水所含各种化学成分的作用,可通过以下几种形式或方法作用于人体。

(1) 与皮肤表面直接接触

地热水接触皮肤时会对其表面产生刺激作用。例如,碳酸泉的碳酸气(CO_2)可使皮肤表面的毛细血管扩张;碳酸氢钠能软化皮肤角质,清洁皮肤并产生清凉感;氯化钠可使皮肤表面的毛细血管充血,改善供血;硫化钠能软化和溶解皮肤角质;在放射性氡泉浴时,则可在皮肤表面形成一种放射性薄膜,对人体不断产生刺激作用;等等。

(2) 被人体吸收

凡能溶解于类脂质和水的化学物质,如 CO_2、H_2S、Fe^{2+}、Cu^{2+}、Mn^{2+}、I^-、Br^-、Rn、Na^+、Ca^{2+}、Cl^-、SO_4^{2-}、HCO_3^- 等,皆可通过皮肤进入体内。在地热水浴时,通过皮肤进入体内的物质数量取决于地热水的温度、pH、固体成分含量及洗浴时间等,同时人体本身的因素也很重要。通过皮肤所吸收的矿物成分不仅在入浴时,而且在浴后仍可对人体继续起作用,这是因为在皮肤表面或皮下组织内停滞的矿物成分可渐渐通过血液循环及淋巴循环被送至全身。

(3) 饮泉疗法

饮用地热水是最能充分利用地热水的一种形式,包括地热水的渗透压、pH、温度等。饮泉疗法适合胃肠疾病患者。饮用不同种类的地热水,对人体会产生不同的治疗作用,目前主要是含硫酸盐、硫化氢、铁、碳酸、氡等矿物成分的矿泉水。

(4) 吸入法

吸入地热水是指将含特殊气体成分的热地热水喷成细雾状,经呼吸道吸入体内,通过黏膜进入循环系统而作用于人体,对黏膜的血液循环、营养、腺体活动甚至全身都有良好作用。吸入法常用的地热水是重碳酸盐泉、氯化物泉、氡泉、硫化氢泉等,主要适应证有上呼吸道感染、慢性支气管炎、支气管哮喘、肺炎后遗症、代谢病、Ⅰ~Ⅱ期高血压、尘肺病等。

(5) 洗胃法

地热水洗胃法应用的是 38~40℃ 的地热水。地热水洗胃法与普通洗胃法类似,每次需 2 000~5 000 mL 地热水,每日或隔日 1 次,5~6 次为一个疗程,洗胃时间在早、晚,以空腹为宜,适应证包括胃张力低、胃下垂、幽门梗阻、慢性胃炎等。

　　地热水疗法除包括上述几种方法外,还包括十二指肠洗涤引流法、含漱法、直肠灌洗法、水下洗肠法等。

6.3.3　地热温泉案例

（1）蓝湖温泉

　　蓝湖温泉位于冰岛西南部,距离首都雷克雅未克大约 39 km,是冰岛大型旅游景点之一,如图 6-11 所示。蓝湖的水来自附近建于 1976 年的斯瓦特森吉地热发电厂发电废水及加热市政热水供应系统后的地热尾水。在蓝湖洗浴和游泳的礁湖地区,水温在 40℃左右,pH 约为 7.5,水体含有丰富矿物质,如硅和硫等,因此在蓝湖泡温泉,可以帮助治疗牛皮癣等一些皮肤疾病。

图 6-11　冰岛蓝湖温泉

（2）汤岗子温泉（疗养院）

　　汤岗子温泉位于我国辽宁省鞍山市以南 7.5 km,以此建立了中华人民共和国成立后第一所温泉疗养院——汤岗子温泉疗养院。该疗养院内共有 18 穴温泉,水温为 57~65℃,最高可达 70℃左右,地热水的 pH 常年维持在 8.1~9.5。该疗养院拥有 1 800 张床位,占地面积为 4.7×10^5 m²,设有七大临床科系以及水、泥、蜡、电、声、光、磁等 100 余种物理疗法、传统中医疗法和先进西医疗法,对治疗风湿性关节炎、类风湿关节炎、腰椎间盘突出症、银屑病等疾病有着雄厚的技术力量和丰富的临床经验,已经成为蜚声中外的著名疗养胜地和慢性病治疗中心。

参考文献

[1] 汪集暘,马伟斌,龚宇烈,等.地热利用技术[M].北京:化学工业出版社,2005.

[2] 吴治坚.新能源和可再生能源的利用[M].北京:机械工业出版社,2006.

[3] 周念沪.地热资源开发利用实务全书(第二册)[M].北京:中国地质科学出版社,2005.

[4] 谢华,李荣,刘霞.利用地热资源发展甲鱼养殖[J].云南农业科技,1996(6):35 – 36.

[5] 侯喜梅.黑龙江省巨浪牧场绿色产业发展规划研究[D].哈尔滨:东北农业大学,2012.

[6] 张萌.温泉农业开发利用的理论研究与规划实践[D].杭州:浙江农林大学,2017.

[7] Lund J W, Boyd T L. Direct utilization of geothermal energy 2015 worldwide review[J]. Geothermics, 2016, 60: 66 – 93.

[8] de P S Zuquim M, Zarrouk S J. Nursery greenhouses heated with geothermal energy — a case study from Rotorua New Zealand[J]. Geothermics, 2021, 95: 102123.

[9] Gelegenis J, Dalabakis P, Ilias A. Heating of a fish wintering pond using low-temperature geothermal fluids, Porto Lagos, Greece[J]. Geothermics, 2006, 35(1): 87 – 103.

第 7 章

地热直接利用技术新进展

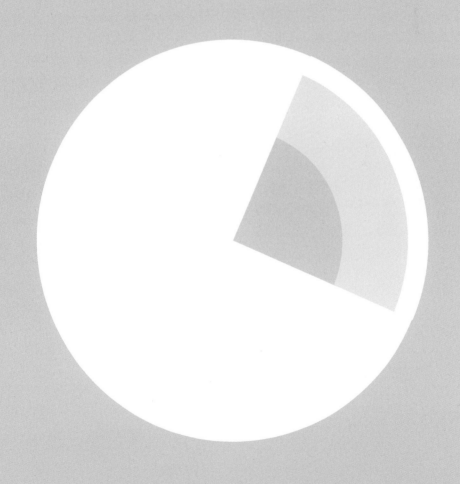

7.1 中深层单井地热供暖技术

7.1.1 单井地热换热原理及数学建模

1. 换热原理

单井地热供暖(SWGH)系统的地下取热原理如图7-1所示,其主要结构包括岩石、固井水泥、井管和保温管。井管和保温管组成的环空部分作为注入通道,保温管作为采出通道,井底封死。流体从注入通道流入,到达井底后反向从采出通道流出,井内流体通过井管的外壁和岩石换热。整个地下系统相当于一个深井换热器(也叫井下换热器)。

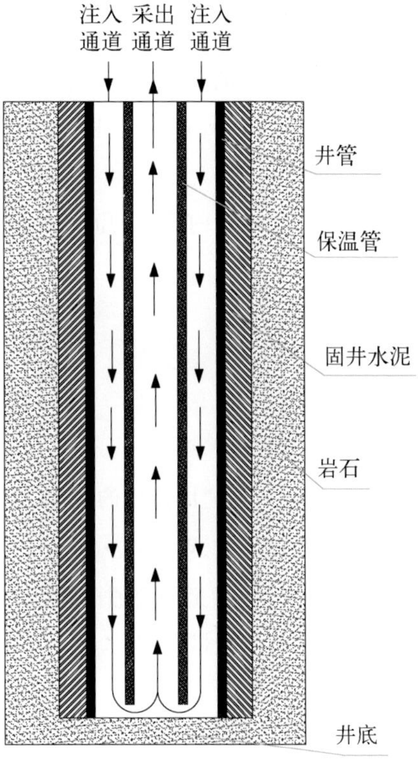

岩石向井内流体传热的过程:岩石→固井水泥→井管→井内流体。另外,由于采出通道内流体的温度高于注入通道内流体的温度,因而存在采出通道内流体通过保温管向注入通道内流体传热。因此,SWGH系统的数学模型主要包括采出通道和注入通道内流体的流动换热方程、岩石的能量方程以及流体、井壁、固井水泥和岩石之间互相传递热量的方程。

图 7-1 单井地热换热原理图

2. 数学建模

(1)采出通道内流体的流动换热方程

$$\frac{\partial T_1}{\partial t} + \frac{\partial (v_1 T_1)}{\partial z} = -S_{12} \tag{7-1}$$

$$S_{12} = \frac{k_l (T_1 - T_2)}{\rho A_1 c_p} \tag{7-2}$$

$$k_l = \cfrac{\pi}{\cfrac{1}{2h_1 r_1} + \cfrac{1}{2\lambda_1}\ln\cfrac{r_2}{r_1} + \cfrac{1}{2h_2 r_2}} \qquad (7-3)$$

式中,T_1 为采出通道内流体的温度,℃;v_1 为采出通道内流体的流速,m/s;S_{12} 为采出通道内流体和注入通道内流体之间的传热,℃/s;k_l 为单位长度传热量,W/(m·K);T_2 为注入通道内流体的温度,℃;ρ 为水的密度,kg/m³;c_p 为水的比热容,J/(kg·K);A_1 为采出通道的流通面积,m²;h_1 为采出通道内壁的对流换热系数,W/(m²·K);h_2 为采出通道外壁的对流换热系数,W/(m²·K);r_1 为保温管的内半径,m;r_2 为保温管的外半径,m,$r_2 = r_1 + b_1$,其中 b_1 为保温管的厚度,m;λ_1 为保温材料的导热系数,W/(m·K)。

（2）注入通道内流体的流动换热方程

$$\frac{\partial T_2}{\partial t} + \frac{\partial(v_2 T_2)}{\partial z} = S_{12} + S_{23} \qquad (7-4)$$

$$S_{23} = \frac{h_3 2\pi r_3 (T_3 - T_2)}{\rho A_3 c_p} \qquad (7-5)$$

式中,v_2 为注入通道内流体的流速,m/s;S_{23} 为流体和井壁之间的传热,℃/s;h_3 为内井壁的对流换热系数,W/(m²·K);r_3 为井管的内半径,m;T_3 为和流体接触的井壁温度,℃;A_3 为注入通道的流通面积,m²。

（3）岩石的能量方程

$$\frac{\partial T_5}{\partial t} = \frac{\lambda_5}{\rho_5 c_5}\left[\frac{1}{r} \times \frac{\partial}{\partial r}\left(r\frac{\partial T_5}{\partial r}\right) + \frac{\partial^2 T_5}{\partial z^2}\right] \quad (r_5 \leqslant r \leqslant r_\infty) \qquad (7-6)$$

式中,T_5 为岩石的温度,℃;λ_5 为岩石的导热系数,W/(m·K);ρ_5 为岩石的密度,kg/m³;c_5 为岩石的比热容,J/(kg·K);r_5 为固井水泥的外半径,m。

（4）对流换热系数

流体和井壁的对流换热系数采用 Dittus-Boelter 公式进行计算。

注入通道内流体的对流换热系数采用式(7-7)进行计算:

$$h = 0.023\lambda\frac{Re^{0.8}Pr^{0.4}}{d_e} \qquad (7-7)$$

采出通道内流体的对流换热系数采用式(7-8)进行计算:

$$h_1 = 0.023\lambda \frac{Re^{0.8} Pr^{0.3}}{2r_1} \tag{7-8}$$

式中,d_e 为水力直径,m;λ 为流体的导热系数,W/(m·K);Re 和 Pr 分别为雷诺数和普朗特数。

(5)边界条件

井壁和流体的换热采用第三类边界条件:

$$h_3(T_3 - T_2) \bigg|_{r=r_3} = \lambda_3 \frac{\partial T_3}{\partial r} \bigg|_{r=r_3} \tag{7-9}$$

岩石和固井水泥以及固井水泥和井壁的接触换热采用如下导热边界条件:

$$\lambda_3 \frac{\partial T_3}{\partial r} \bigg|_{r=r_4} = \lambda_4 \frac{\partial T_4}{\partial r} \bigg|_{r=r_4} \tag{7-10}$$

$$\lambda_4 \frac{\partial T_4}{\partial r} \bigg|_{r=r_5} = \lambda_5 \frac{\partial T_5}{\partial r} \bigg|_{r=r_5} \tag{7-11}$$

式中,λ_3 为井壁的导热系数,W/(m·K);λ_4 为固井水泥的导热系数,W/(m·K);T_4 为固井水泥的温度,℃;r_4 为固井水泥的内半径,m。

假设距离井管 100 m 外的岩石温度不受干扰。

7.1.2 单井地热换热影响因素

单井地热的关键性能指标包括井下取热功率、采出水温度、性能衰减。影响这三个指标的因素包括井深、井直径、岩石导热系数、保温材料性能、地温梯度、运行时间以及运行过程中的注入水温度和流量等。从传热学原理分析,要提高岩石和流体的换热,主要手段有降低传热热阻和提高传热温差。传热热阻涉及井直径、岩石导热系数和注入水流速,传热温差涉及井深、地温梯度和注入水温度。

(1)计算条件

依据上述数学模型,对 SWGH 系统进行性能分析。井身结构二开:

① 一开钻头尺寸为 Φ311.1 mm,套管尺寸为 Φ244.5 mm,套管下入井段 0~100 m;

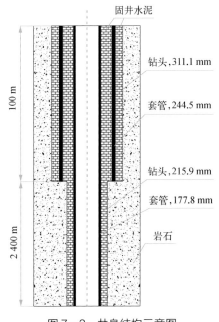

图7-2 中标注：固井水泥、钻头，311.1 mm、套管，244.5 mm、钻头，215.9 mm、套管，177.8 mm、岩石；左侧标注 100 m、2 400 m

图7-2 井身结构示意图

② 二开钻头尺寸为 Φ215.9 mm，套管尺寸为 Φ177.8 mm，套管下入井段 0~2 500 m，全井段固井。

井身结构和计算数据分别如图7-2 和表7-1 所示。供暖 170 天，其他时间里地热井静置等待热恢复。

表7-1 中所列的是基本数据。当讨论某一变量的影响时，该变量发生变化，其他变量保持不变。表7-1 中的变量有井直径、井深、保温材料导热系数、注入水温度和流量。

（2）单井换热量大小及衰减

根据井下取热功率和采出水温度，结合热泵性能和建筑热负荷，可以通过调节注入水温度和流量来满足建筑热负荷的需求。

表7-1 计算中用到的数据

参 数	数 据	参 数	数 据
钻孔尺寸/mm	Φ215.9	岩石导热系数/[W/(m·K)]	3
井深/m	2 500	岩石密度/(kg/m³)	2 800
井管尺寸/mm	Φ177.8×6.91	岩石比热容/[J/(kg·K)]	920
保温管尺寸/mm	Φ110×10	固井水泥导热系数/[W/(m·K)]	1.5
保温管长度/m	2 495	固井水泥密度/(kg/m³)	1 890
地温梯度/(℃/km)	30	固井水泥比热容/[J/(kg·K)]	2 010
地表温度/℃	10.3	保温管导热系数/[W/(m·K)]	0.21
注入水温度/℃	5	保温管密度/(kg/m³)	900
注入水流速/(m/s)	1	保温管比热容/[J/(kg·K)]	930
注入水流量/(m³/h)	41.82		

　　图 7-3 和图 7-4 分别表示不同采暖季平均井下取热功率和平均采出水温度随时间的变化。由图 7-3 可知,平均井下取热功率随采暖年限的增加而衰减,开始的几年里衰减较快,随后逐渐趋于稳定。20 年的平均井下取热功率为 372.86 kW。第 1 个、第 5 个、第 10 个、第 15 个和第 20 个采暖季的平均井下取热功率分别为 420.66 kW、380.52 kW、368.5 kW、362.03 kW 和 357.63 kW,分别约是 20 年平均井下取热功率的 112.82%、102.05%、98.83%、97.1% 和 95.92%。

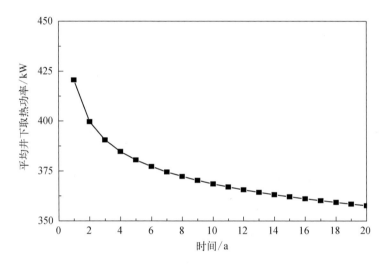

图 7-3　不同采暖季平均井下取热功率随时间的变化

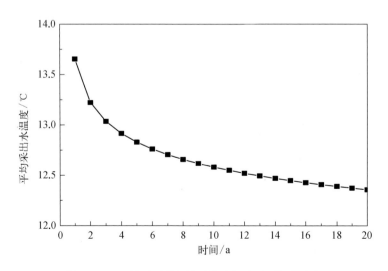

图 7-4　不同采暖季平均采出水温度随时间的变化

上述同一个采暖季内及不同的采暖季间平均井下取热功率和平均采出水温度的变化曲线可以用于热泵的选型,同时结合后续的注入水温度和流量调节以及热泵性能,可以满足建筑热负荷的需求。

(3) 地下岩石温度场衰减及恢复

SWGH 系统向建筑供暖,其热量均来自井身周围的岩石。随着取热的进行,岩石温度必然会下降。ΔT 为温降,代表未受干扰的岩石温度减去计算时刻的岩石温度。未受干扰的岩石温度依据地表温度和地温梯度进行计算。

图 7-5 表示第 1 个采暖季季末岩石径向温度的变化。由图 7-5 可知,越靠近井壁,岩石径向温降越大;深度越大,岩石径向温降越大。当深度依次为 500 m、1 000 m、1 500 m、2 000 m 和 2 400 m 时,径向距离为 1 m 处的岩石温降分别为 7.26℃、12.33℃、17.23℃、21.98℃ 和 25.68℃,径向距离为 5 m 处的岩石温降分别为 1.67℃、2.83℃、3.95℃、5.03℃ 和 5.88℃,径向距离为 10 m 处的岩石温降分别为 0.26℃、0.43℃、0.6℃、0.77℃ 和 0.89℃,径向距离为 15 m 处的岩石温降分别为 0.02℃、0.04℃、0.06℃、0.07℃ 和 0.08℃,径向距离为 23 m 处的岩石温降分别为 0℃、0℃、0℃、0℃ 和 0.001℃。经过一个采暖季,岩石的热影响距离达到了 23 m。

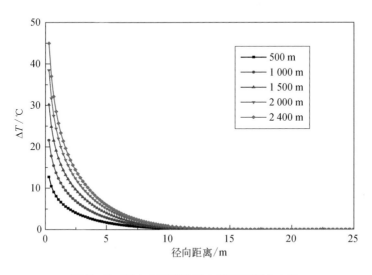

图 7-5　第 1 个采暖季季末岩石径向的 ΔT

造成近井地带岩石温度梯度大的原因为岩石的导热系数小,仅为 3 W/(m·K),远处岩石的热量靠导热无法快速传递到近井地带,导致近井地带岩石的热量得不到及时补充,造成近井地带岩石出现较大的温度梯度。

下面通过热阻理论分析造成近井地带岩石温度梯度大的原因。

$$R_R = \frac{1}{2\pi\lambda_5}\ln\frac{r_\infty}{r_5} \qquad (7-12)$$

$$r_\infty = 2\sqrt{\alpha_5\tau} \qquad (7-13)$$

$$R_S = \frac{1}{2\pi\lambda_3}\ln\frac{r_4}{r_3} \qquad (7-14)$$

$$R_C = \frac{1}{2\pi\lambda_4}\ln\frac{r_5}{r_4} \qquad (7-15)$$

式中,R_R 为岩石的导热热阻,m·K/W;R_S 为井管的导热热阻,m·K/W;R_C 为固井水泥的导热热阻,m·K/W;r_∞ 为岩石的热影响距离,m;α_5 为岩石的热扩散系数,m²/s;τ 为供暖时间,s。通常,$r_\infty = 8.27$ m,$R_R = 2.30\times10^{-1}$ m·K/W,$R_S = 2.58\times10^{-4}$ m·K/W,$R_C = 2.06\times10^{-2}$ m·K/W。

岩石的导热热阻约是固井水泥导热热阻的 11.17 倍,约是井管导热热阻的 891.47 倍,可见导热热阻主要出现在岩石侧。如果固井水泥的导热系数能达到 3 W/(m·K),也就是与岩石的导热系数相同,那么 $R_C = 1.03\times10^{-2}$ m·K/W。

上述计算岩石导热热阻的方法没有考虑到井下取热强度,计算得到的一个采暖季后岩石的热影响距离仅为 8.27 m。模拟计算的结果表明,一个采暖季后岩石的热影响距离达到了 23 m。

模拟计算和理论分析均表明,岩石的导热系数小、导热热阻大,取热过程造成近井地带岩石出现较大的温度梯度,导致单井换热量小。因此,提高单井换热量的最有效措施是强化岩石侧的换热。

图 7-6 表示第 2 个采暖季开始岩石径向温度的变化。在采暖 170 天后,岩石温度特别是靠近井壁处温度出现较大幅度的降低。在采暖季结束后,地热井闲置用于热恢复,热恢复时间为 195 天。在经过 195 天的热恢复后,岩石温度有大幅回升,特别是在靠近井壁处。由图 7-6 可知,深度越大,岩石径向温降越大。以深度为 2 400 m 的岩石为例,170 天的供暖后靠近井壁的岩石径向温降达到 44.96℃,经过 195 天的热恢复后靠近井壁的岩石径向温降为 4.79℃,也就是说,在热恢复期,岩石温度恢复了 40.17℃,热恢复率达到了约 89.35%。

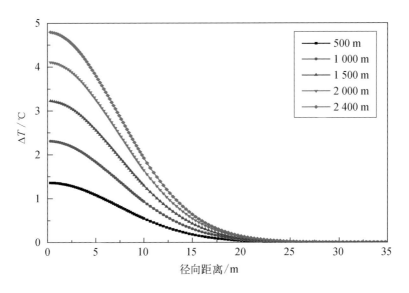

图 7-6　第 2 个采暖季开始岩石径向的 ΔT

　　岩石的热恢复过程主要是远处岩石的热量传递到近井地带,用来补充采暖季造成的热亏空。当深度依次为 500 m、1 000 m、1 500 m、2 000 m 和 2 400 m 时,在第 1 个采暖季季末,径向距离为 5 m 处的岩石温降分别为 1.67℃、2.83℃、3.95℃、5.03℃ 和 5.88℃,径向距离为 10 m 处的岩石温降分别为 0.26℃、0.43℃、0.6℃、0.77℃ 和 0.89℃,径向距离为 15 m 处的岩石温降分别为 0.02℃、0.04℃、0.06℃、0.07℃ 和 0.08℃,径向距离为 23 m 处的岩石温降分别为 0℃、0℃、0℃、0℃ 和 0.001℃;在经过 195 天的热恢复后,径向距离为 5 m 处的岩石温降分别为 1.08℃、1.82℃、2.55℃、3.24℃ 和 3.79℃,径向距离为 10 m 处的岩石温降分别为 0.55℃、0.93℃、1.29℃、1.65℃ 和 1.92℃,径向距离为 15 m 处的岩石温降分别为 0.18℃、0.31℃、0.43℃、0.55℃ 和 0.64℃,径向距离为 23 m 处的岩石温降分别为 0.01℃、0.02℃、0.03℃、0.04℃ 和 0.05℃,径向距离为 33 m 处的岩石温降分别为 0℃、0℃、0℃、0℃ 和 0.001℃。上述数据表明,与第 1 个采暖季季末相比,在热恢复过程中,径向距离为 5 m 处的岩石温降变小,而径向距离为 10 m 及以上的岩石温降变大,这说明 10 m 以外的岩石将热量传递到近井地带。在第 1 个采暖季季末,岩石的热影响距离达到了 23 m,而经过 195 天的热恢复,岩石的热影响距离达到了 33 m。

图 7-7 表示不同采暖季季末岩石径向温度的衰减情况,深度为 2 400 m。由图 7-7可知,岩石径向温降在开始的几年里变化较大,后续变化逐渐变小。在第 1 个、第 5 个、第 10 个、第 15 个和第 20 个采暖季季末,径向距离为 10 m 处的岩石温降分别为 0.89℃、5.06℃、7.01℃、8.12℃ 和 8.9℃,径向距离为 30 m 处的岩石温降分别为 0℃、0.48℃、1.45℃、2.23℃ 和 2.86℃,径向距离为 50 m 处的岩石温降分别为 0℃、0.02℃、0.24℃、0.58℃ 和 0.94℃,径向距离为 70 m 处的岩石温降分别为 0℃、0℃、0.03℃、0.14℃ 和 0.33℃。

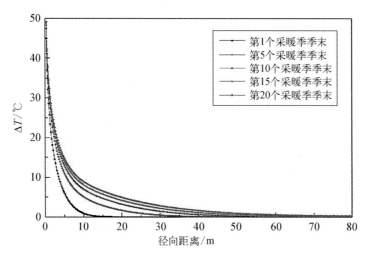

图 7-7　第 1 个、第 5 个、第 10 个、第 15 个和
第 20 个采暖季季末岩石径向的 ΔT

第 1 个、第 5 个、第 10 个、第 15 个和第 20 个采暖季季末对应的岩石的热影响距离分别为 23 m、69 m、82 m、91 m 和 99 m。可见,岩石的热影响距离随采暖年限的增加而增大。如果 SWGH 系统的操作时间为 20 年,那么两井之间的距离应不小于 200 m。

图 7-8 表示不同采暖季开始岩石径向温度的恢复情况,深度为 2 400 m。由图 7-8可知,岩石径向温降逐年变大。岩石的最大径向温降出现在第 1 个采暖季季末,以深度为 2 400 m 的岩石为例,170 天的供暖后靠近井壁的岩石径向温降达到 44.96℃。在近井地带,第 2 个、第 6 个、第 11 个、第 16 个和第 21 个采暖季开始岩石径向温降分别为 4.79℃、8.52℃、10.72℃、11.89℃ 和 12.68℃,与第 1 个采暖季季末的最大径向温降 44.96℃ 相比,岩石温度分别恢复了 40.17℃、36.44℃、

34.24℃、33.07℃和32.28℃,热恢复率分别约为89.35%、81.05%、76.16%、73.55%和71.80%。

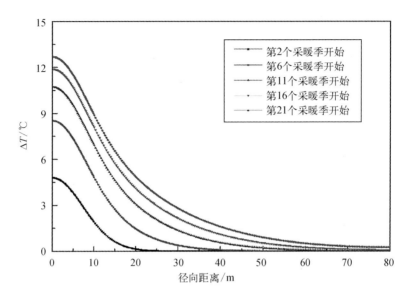

图7-8　第2个、第6个、第11个、第16个和
第21个采暖季开始岩石径向的 ΔT

根据以上分析,SWGH系统井下取热功率的减小是由岩石温度的逐渐衰减造成的。因此,抑制岩石温度的衰减,特别是在近井地带,是维持SWGH系统稳定输出的最有效手段。

（4）井深

井管尺寸为 $\Phi177.8$ mm×6.91 mm,保温管尺寸为 $\Phi110$ mm×10 mm。注入水温度为5℃,注入水流速为1 m/s。

图7-9和图7-10分别表示第1个采暖季三种不同深度的地热井的井下取热功率和采出水温度随时间的变化。由两图可知,井越深,井下取热功率和采出水温度越大。2 500 m、3 000 m和3 500 m三种井深对应的平均井下取热功率分别为420.66 kW、577.82 kW和753.73 kW,对应的平均采出水温度分别为13.65℃、16.89℃和20.51℃。井深从2 500 m增加到3 000 m,对应的平均井下取热功率增加157.16 kW;井深从3 000 m增加到3 500 m,对应的平均井下取热功率增加175.91 kW。可见,对于同样的500 m地热井,在越深的位置,其井下取热功率越大。

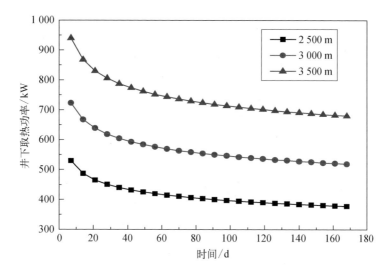

图 7－9　第 1 个采暖季三种井深对应的井下取热功率随时间的变化

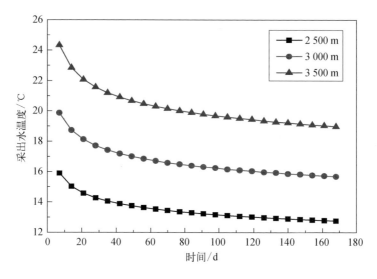

图 7－10　第 1 个采暖季三种井深对应的采出水温度随时间的变化

　　另外,如结合热泵机组,井越深,采出水温度越高,导致热泵的 *COP* 越高。因此,深井结合热泵的供暖系统的性能会更优于浅井供暖系统。

　　图 7－11 表示三种井深对应的注入通道和采出通道内流体温度的变化。

　　图 7－12 表示第 1 个采暖季季末三种井深对应的岩石径向温度的变化。可见,井越深,井下取热功率越大,岩石径向温降也越大。

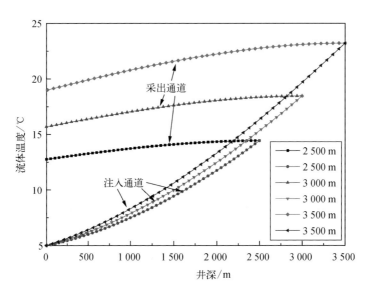

图7-11 2500 m、3000 m和3500 m地热井
注入通道和采出通道内流体温度的变化

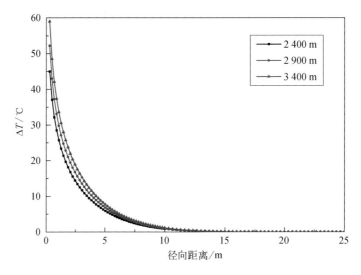

图7-12 第1个采暖季季末2400 m、2900 m和
3400 m对应的岩石径向的 ΔT

（5）保温材料导热系数

图7-13和图7-14分别表示第1个采暖季三种不同的保温材料对应的井
下取热功率和采出水温度随时间的变化。由两图可知,保温材料导热系数越小,

对应的井下取热功率和采出水温度越大。导热系数为 0.21 W/(m・K),对应常见的 PE 管和 PP‐R 管;导热系数为 0.14 W/(m・K),对应 PVC 管;导热系数为 0.06 W/(m・K),对应真空保温管,在油气行业常见。

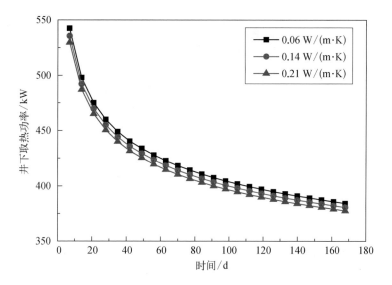

图 7‐13　第 1 个采暖季三种保温材料对应的
井下取热功率随时间的变化

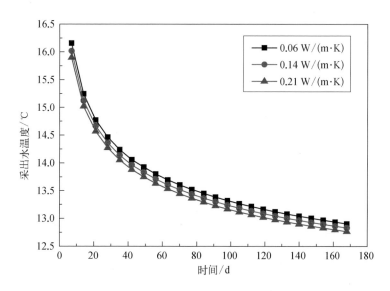

图 7‐14　第 1 个采暖季三种保温材料对应的
采出水温度随时间的变化

图7-15和图7-16表示三种保温材料对应的注入通道和采出通道内流体温度的变化。

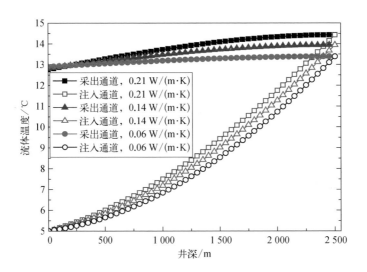

图7-15　三种保温材料对应的注入通道和
采出通道内流体温度的变化

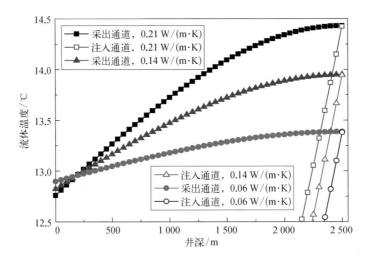

图7-16　三种保温材料对应的注入通道和采出通道内
流体温度的变化（局部放大）

在暖通空调领域,对于浅层地源热泵,常用延米取热功率衡量井下取热强度。由于浅层地源热泵中埋管比较浅,一般是200 m以内的深度,上、下地温梯度变化不大,因而按照上下统一的一个延米取热功率来衡量井下取热强度是可以接受的。但对于深度较大的 SWGH 系统,井深动辄数千米,上下温差大,因此不能再用上下统一的一个延米取热功率衡量井下取热强度,需要按不同的深度给出不同的延米取热功率。

由图 7-17 可知,越靠近下部,延米取热功率越大。保温材料导热系数越大,同样井段的延米取热功率就越大,这是因为把采出通道传递到注入通道的热量也算进了延米取热中。

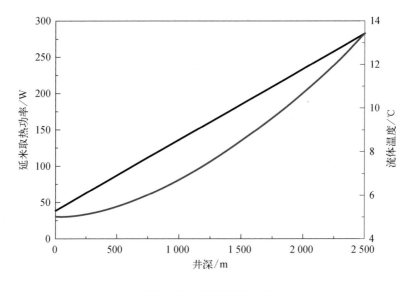

图 7-17　延米取热功率

（6）注入水温度

图 7-18 和图 7-19 分别表示第 1 个采暖季三种不同的注入水温度对应的井下取热功率和采出水温度随时间的变化,注入水温度选择 5℃、7.5℃ 和 10℃ 三个工况,注入水流速为 1 m/s。由两图可知,注入水温度越低,对应的井下取热功率越大,但对应的采出水温度越低。在一个采暖季内,当注入水温度依次为 5℃、7.5℃ 和 10℃ 时,对应的平均井下取热功率分别为 420.66 kW、396.75 kW 和 372.84 kW,对应的平均采出水温度分别为 13.65℃、15.66℃ 和 17.67℃。结合热泵机组可知,随着注入水温度的提高,热泵机组蒸发器侧的输入热功率降低,蒸发器侧的进水温度升高,系统的整体性能要考虑热泵的性能进行综合权衡。

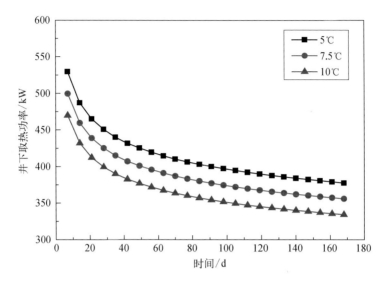

图 7-18　第 1 个采暖季三种注入水温度对应的
井下取热功率随时间的变化

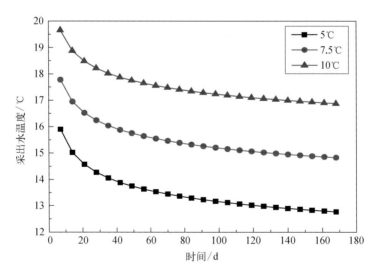

图 7-19　第 1 个采暖季三种注入水温度对应的
采出水温度随时间的变化

图 7-20 表示三种注入水温度对应的注入通道和采出通道内流体温度的变化。

总之,通过调节注入水温度,可以调节井下取热功率和采出水温度,进而可以调节整个热泵机组的性能。

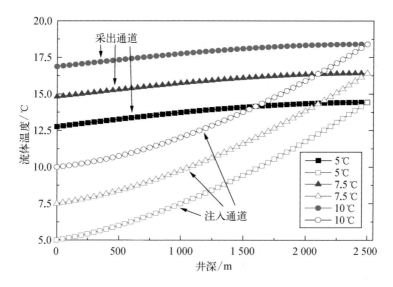

图 7‐20 三种注入水温度对应的注入通道和
采出通道内流体温度的变化

图 7‐21 表示第 1 个采暖季季末三种注入水温度对应的岩石径向温度(2 400 m 深度处的温度)的变化。可见,注入水温度越低,对应的井下取热功率越大,对应的岩石径向温降也越大。

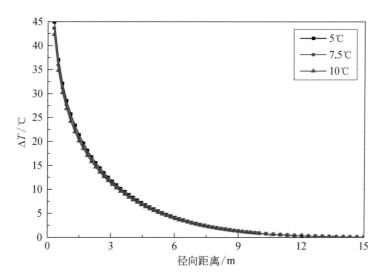

图 7‐21 第 1 个采暖季季末 5℃、7.5℃和
10℃对应的岩石径向的 ΔT

(7) 注入水流速

图 7-22 和图 7-23 分别表示第 1 个采暖季三种不同的注入水流速对应的井下取热功率和采出水温度随时间的变化,注入水温度保持 5℃不变,注入水流速选择 0.5 m/s、1.0 m/s 和 1.5 m/s 三个工况。由两图可知,注入水流速越小,对应的井下取热功率越小,但对应的采出水温度越高。在一个采暖季内,当注入水流速依次为 0.5 m/s、1.0 m/s 和 1.5 m/s 时,对应的平均井下取热功率分别为 363.66 kW、420.66 kW 和 438.17 kW,对应的平均采出水温度分别为 19.96℃、13.65℃和 11.01℃。注入水流速从 0.5 m/s 增加到 1.0 m/s,对应的平均井下取热功率增加 57 kW;注入水流速从 1.0 m/s 增加到 1.5 m/s,对应的平均井下取热功率增加 17.51 kW。提高注入水流速,可以增大井下取热功率,但同时循环泵功耗会相应增大。因此,在实际工程操作时,要综合权衡注入水流速增大所带来的收益和所消耗的泵功,选择合理的注入水流速。

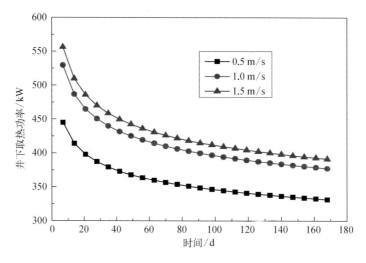

图 7-22　第 1 个采暖季三种注入水流速对应的
井下取热功率随时间的变化

结合前述注入水温度的变化可知,通过调节注入水温度和注入水流速,均可以调节井下取热功率和采出水温度。在注入水温度和注入水流速不变的情况下,井下取热功率在同一个采暖季内总是衰减,在不同的采暖季间也总是衰减。因此,改变注入水温度和注入水流速,可以调节井下取热功率在同一个采暖季内和不同的采暖季间的不平衡性。另外,建筑热负荷总是随室外温度的变化而变化,通过调节注入水温度和流量,可以满足建筑热负荷的实时变化。

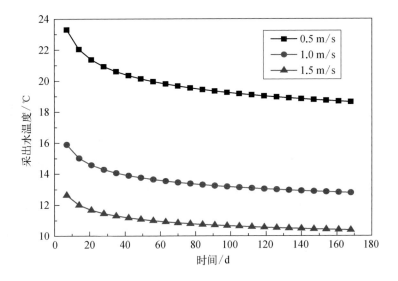

图 7 - 23　第 1 个采暖季三种注入水流速对应的
采出水温度随时间的变化

图 7 - 24 表示第 1 个采暖季季末三种注入水流速对应的岩石径向温度(2 400 m 深度处的温度)的变化。可见,注入水流速越大,对应的井下取热功率越大,导致岩石径向温降越大。

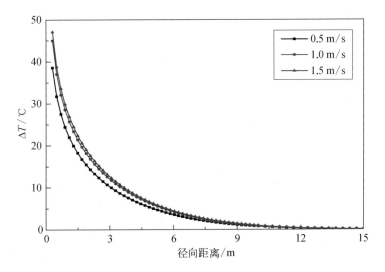

图 7 - 24　第 1 个采暖季季末 0.5 m/s、1.0 m/s 和
1.5 m/s 对应的岩石径向的 ΔT

7.1.3 中深层单井地热供暖案例

山东即墨某地热井于 2016 年完井,其井身结构如图 7-25 所示。井身结构二开,一开采用 $\Phi244.5$ mm 的套管下至深度 100 m,二开采用 $\Phi177.8$ mm 的套管下至井深 2 605 m,水泥固井。保温管采用 $\Phi110$ mm×10 mm 的专用材料,下至井深 2 600 m。其他参数见表 7-2。该地热井联合热泵系统在 2017—2018 年采暖季向建筑供暖,用户侧供、回水温度分别为 45℃、40℃,采用水作为循环工质提取井下岩石的热量,供暖期间水的注入流量约为 30 m³/h。实验数据如图 7-26 所示,表示井下取热功率、注入水温度和采出水温度随时间的变化。在图 7-26 中,P 为井下取热功率,T_{in} 和 T_{out} 分别为注入水温度和采出水温度。整个采暖季平均井下取热功率为 448.49 kW,热泵的 COP 在 3.5~4.5 内波动,供暖面积约为 18 000 m²。

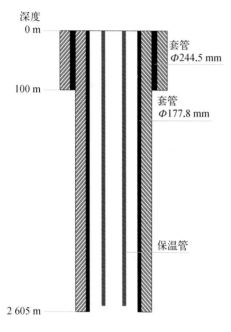

深度
0 m
套管 $\Phi244.5$ mm
100 m
套管 $\Phi177.8$ mm
保温管
2 605 m

图 7-25 某地热井井身结构示意图

表 7-2 某地热井参数

参　　数	数据	参　　数	数据
地表温度/℃	15	保温管导热系数/[W/(m·K)]	0.21
地温梯度/(℃/km)	27.8	固井水泥导热系数/[W/(m·K)]	0.73
岩石密度/(kg/m³)	2 800	保温管厚度/mm	10
岩石比热容/[J/(kg·K)]	920	固井水泥厚度/mm	19.05
岩石导热系数/[W/(m·K)]	3.49		

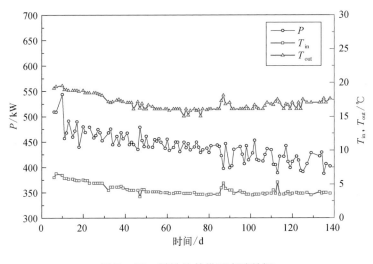

图 7 - 26　某地热井供暖实验数据

7.2　地热压缩吸收式热泵技术

7.2.1　压缩吸收式热泵技术原理

1. 压缩吸收式热泵基本循环

压缩吸收式热泵循环的概念最早由 O. Senbruck 于 1895 年提出。压缩吸收式热泵由压缩式和吸收式两种基本热泵循环组合而成,如图 7 - 27 和图 7 - 28 所示。压缩吸收式热泵通常由发生器、压缩机、吸收器、溶液泵及节流阀等几大部件组成,构成一个蒸气循环回路和一个溶液循环回路。首先,稀溶液在发生器中吸收来自热源的热量后解吸出气体工质并变成浓溶液,解吸出的气体工质经压缩机压缩后变成高温高压气体进入吸收器;然后,被压缩的气体工质在吸收器的高温高压环境下被来自发生器的浓溶液吸收并放出吸收热,吸收气体工质的浓溶液变成稀溶液;随后,稀溶液经溶液热交换器和来自发生器的浓溶液换热,经减压、节流后进入发生器,从热源中吸取热量并变成浓溶液;最后,浓溶液由溶液泵输送至溶液热交换器进行换热后进入吸收器,完成循环。这种热泵循环的特征是在低温低压下发生和在高温高压下吸收,在使用机械压缩工质的同时又保留发生和吸收的溶液回路,因此压缩吸收式热泵也叫带溶液回路的压缩式热泵。正是这种吸收与压缩的有机结合,使得热泵的工作范围和效率都得到大大改善。

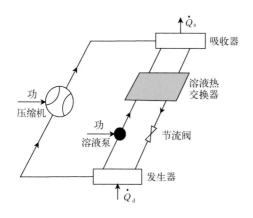

图 7-27　压缩吸收式热泵循环原理图

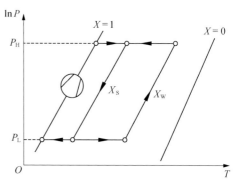

图 7-28　压缩吸收式热泵循环 P-T 图

2. 压缩吸收式热泵复合循环

（1）并联型

吸收式热泵和压缩式热泵的结合方式多种多样,根据不同的冷、热源条件和能量转换目的,可分成单级和多级,制冷、制热和冷热联供等多种形式。图 7-29 是将第一类吸收式热泵和压缩机结合的压缩吸收式热泵循环。这种循环完全保留吸收式热泵循环,并增加一个机械压缩的平行回路,从而构成一个三重循环回路。这种形式具有很强的灵活性,可调整吸收式热泵和机械压缩热泵的负荷比例或使两者交替工作,特别适用于驱动热源热稳定性较差的场合。

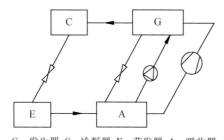

G—发生器;C—冷凝器;E—蒸发器;A—吸收器

图 7-29　并联型压缩吸收式热泵循环

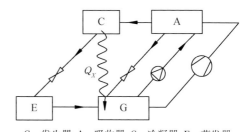

G—发生器;A—吸收器;C—冷凝器;E—蒸发器

图 7-30　带回热的并联型压缩吸收式热泵循环

另外一种结合方式如图 7-30 所示。这种压缩吸收式热泵增加一个中间回热过程,在单级循环中完成双温度提升。在这一循环中,蒸发器和吸收器分别作为吸热元件和放热元件,而冷凝器产生的凝结热 Q_X（中间回热）被用来加热发生器。由于整个循环的温度提升相当于吸收和压缩两个循环的叠加,因而这种压缩吸收式热泵也叫双温度提升压缩吸收式热泵。该热泵的温度提升可能超过100℃,特别适合作为冷热联供热泵。

（2）串联型

吸收式热泵和压缩式热泵还可以被结合成多压力级的压缩吸收式热泵,如图7-31和图7-32所示。图7-31中在蒸发器和吸收器之间放置压缩机,在两者之间形成压力差,可增大吸热装置(蒸发器)和吸收器之间的温差,以满足冷源和环境温度条件。在图7-32所示的循环中,压缩机被置于发生器和冷凝器之间,从而进一步提高冷凝器的放热温度。这两种双级压缩吸收式热泵都可以获得较高的温度提升,但是伴随着制热性能系数的降低和投资的升高。

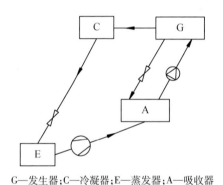

G—发生器;C—冷凝器;E—蒸发器;A—吸收器

图 7-31　串联型压缩吸收式热泵
循环（压缩机位于蒸
发器和吸收器之间）

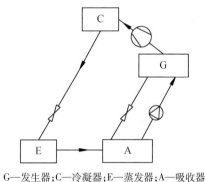

G—发生器;C—冷凝器;E—蒸发器;A—吸收器

图 7-32　串联型压缩吸收式热泵
循环（压缩机位于发
生器和冷凝器之间）

7.2.2　压缩吸收式热泵系统性能

压缩吸收式热泵具有工作温度范围较大、制热功率和温度提升灵活可调的优点。一方面,在给定的温度范围内,压缩吸收式热泵循环中可置入不同浓度的循环溶液。随着循环溶液浓度的变化,循环的压缩比、循环倍率都将相应出现变化,从而改变循环的制热量。另一方面,如果给定压力限制,那么调整循环溶液浓度可使循环在不同的温度范围内工作,而且通过改变循环的宽度可得到不同的温度提升,从而给热泵以很好的灵活性和可调控性,解决了单工质压缩式热泵可调控性差的问题。压缩吸收式热泵的另外一个优点是工作压力较低。一方面,在相同的温度条件下,根据循环溶液的热力学特性,压缩吸收式热泵循环的压缩比会比单工质压缩式热泵循环的压缩比小。较小的压缩比是对压缩机有利的,可减少压缩机功耗,同时降低工质蒸气的过热度。另一方面,在相同的压力条件下,压缩吸收式热泵的制热温度会大大高于单工质压缩式热泵的制热温度。

由于压缩吸收式热泵循环十分接近高效的洛伦兹循环,因而压缩吸收式热泵可显著地增大热泵的性能系数。图 7-33 为洛伦兹循环 T-s 图。洛伦兹循环是由两个绝热过程和两个无温差传热的多变过程组成的。压缩吸收式热泵的两个传热过程分别是吸收过程和发生过程,不同于纯工质的冷凝过程和蒸发过程,工质在吸收过程和发生过程中等压相变时的温度是变化的。利用这一变温特点和变温热源进行逆流换热配合,可大大减少传热㶲损失。洛伦兹循环的 COP_{L} 可依据传热过程的平均温度进行计算:

$$COP_{\mathrm{L}} = \frac{T_{\mathrm{am}}}{T_{\mathrm{am}} - T_{\mathrm{gm}}} \tag{7-16}$$

式中,T_{am} 为吸收器平均放热温度,K;T_{gm} 为发生器平均吸热温度,K。

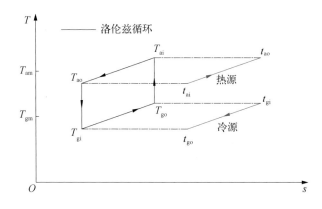

图 7-33　洛伦兹循环 T-s 图

7.2.3　压缩吸收式热泵实验研究

（1）垂直降膜换热压缩吸收式热泵的实验研究

图 7-34 为中国科学院广州能源研究所研制的压缩吸收式热泵实验系统。该热

泵选用氨水溶液工质对作为循环工质。吸收器和发生器分别采用立式垂直降膜吸收器和发生器,溶液热交换器采用板式换热器,压缩机采用氨气压缩机,其他部件均采用制冷行业常规器件。该热泵的热源在平均冷源温度为 35~40℃的条件下,制热温度可达 70℃,制热功率为 50 kW。

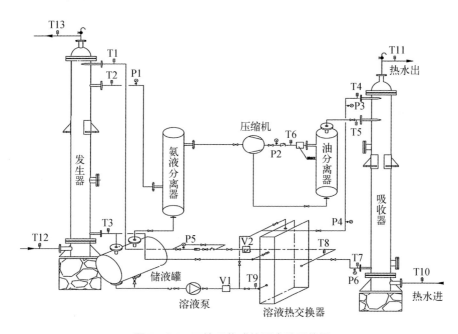

图 7-34　压缩吸收式热泵实验系统图

图 7-35 给出部分实验结果。随着压缩比的增大,系统的 COP 先增大后减小,当压缩比为 3.2~3.6 时,系统的 COP 大于 4,并且存在一个最大值。压缩比越大,压缩机功耗越多,但是与此同时系统中的蒸汽量有所增加,系统的制热量增加,这使得 COP 随压缩比的变化存在一个最大值,这个值也是系统运行的最优值。在本实验工况下,当压缩比等于 3.4 时,系统的 COP 最大。

（2）可调工况的压缩吸收式热泵示范装置

图 7-36 为瑞士联邦理工学院研制的一台可调工况的压缩吸收式热泵实验样机,其特点是利用两个分别存放工质和溶液的储罐 B1、B2 来改变循环溶液的浓度。该热泵的工质对为氨水溶液。当氨水溶液中氨的质量百分比由 47% 变化到 65% 时,制热功率由 5.2 kW 提升至 15.2 kW。该热泵可把 40℃的水加热至 70℃,同时把 40℃的水冷却至 15℃。溶液热交换器 W1 和蒸汽冷却器 W3 用来改善系统的制热性能系数。

最佳工况下的 *COP* 为 4.3,和相应的单工质压缩式热泵(*COP* 为 3.3)相比,其制热性能系数提高约 30%。同时改变该热泵中的溶液浓度和压力,可使其在 -10 ~ 160℃ 的温度范围内工作。

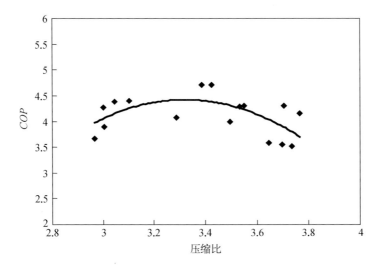

图 7 - 35　*COP* 随压缩比的变化

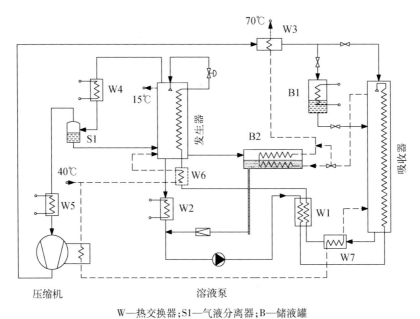

W—热交换器;S1—气液分离器;B—储液罐

图 7 - 36　可调工况的压缩吸收式热泵实验装置图

7.3　地热综合梯级利用技术

7.3.1　地热综合梯级利用技术原理

20 世纪 80 年代,吴仲华主编撰写了专著《能的梯级利用与燃气轮机总能系统》,对能的梯级利用与总能系统做了全面阐述。他从能量转化的基本定律出发,阐述了总能系统中能的综合梯级利用与品位概念,提出了"分配得当、各得其所、温度对口、梯级利用"能源综合梯级利用原理。其核心内容包括:① 通过热机把能源最有效地转化成机械能时基于热源品位概念的"温度对口、梯级利用"原则;② 把热机发电和余热利用或供热联合时大幅度提高能源利用率的"功热并供的梯级利用"原则;③ 把高温下使用的热机与中低温下工作的热机有机联合时的"联合循环的梯级利用"原则等。能源综合梯级利用原理作为普遍适用的热能利用原理,对能源动力的发展应用具有重要的意义。现代科学技术的发展为较大幅度地提高能源利用率提供可能性和多样性,但都必须重视基于能的品位概念的梯级利用理念。

地热能是以热能形式存在于地球内部的巨大的自然能源,是可再生能源家族的重要成员,具有稳定性、连续性和高利用率等优点。地热综合梯级利用是指在系统高度上按照各种用途的水温要求由高到低依次利用,以求最大限度地提高地热能的有效利用率,从而达到对地热能利用实现物尽其用的效果,如图 7-37 所示。

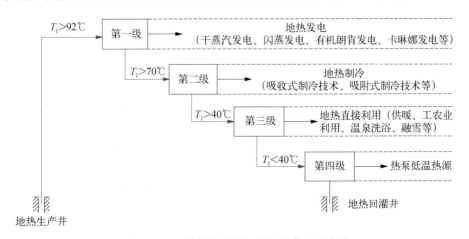

图 7-37　地热综合梯级利用技术原理简图

7.3.2　地热综合梯级利用评价体系

1. 单目标评价

（1）热力学性能评价指标

目前，热力学性能评价指标主要包括基于热力学第一定律的热力性能评价准则、基于热力学第二定律的热力性能评价准则以及广义㶲效率和经济㶲效率。常用的基于热力学第一定律的热力性能评价准则是热力学第一定律效率，即系统的热效率或能源利用效率，系统的热效率或能源利用效率越高，表明系统的热力性能越好。定义：

$$\eta = \frac{W_e + Q_{out}}{Q_{in}} \tag{7-17}$$

式中，η 为系统的热效率或能源利用效率；W_e 为系统输出的有效功，kJ；Q_{out} 为系统输出的热量，kJ；Q_{in} 为系统输入的热量，kJ。

基于热力学第一定律的热力性能评价准则只能反映系统能量利用的数量关系，为反映能量在品位上的不同，须引入基于热力学第二定律的热力性能评价准则，即用各种能量的㶲（理论最大做功能力）进行统一评价。由此推出系统的㶲效率 η_{ex}：

$$\eta_{ex} = \frac{E_{out}}{E_{in}} \tag{7-18}$$

式中，E_{out} 为系统输出的㶲，kJ；E_{in} 为系统输入的㶲，kJ。

㶲使人们得以将能量的"质"和"量"结合起来去更科学地评价能量的价值。㶲表示具有一定参数的工质在已知环境下所能做的最大功量。对于热电联供系统，输出的功全部是㶲，而输出热的㶲低于热值本身，因此系统的㶲效率又称当量㶲效率。系统的当量㶲效率 η_{exB} 计算公式如下：

$$\eta_{exB} = \frac{W_e + X_B Q_{out}}{E_{in}} \tag{7-19}$$

式中，X_B 为热力学上热的价值（㶲）与功的价值的当量比值。

对比系统的热效率公式和㶲效率公式，可见㶲效率比热效率更合理与更科学之处在于前者基于热力学第一定律认为热和功之间没有区别,而后者对热和功的价值有不同的评价。系统的当量㶲效率公式中通过 X_B 表达的不同价值是用热力学第二定律评定的,是一个与供热参数有关的变数。如果有另外一种对热和功定量评价的方法,就有另外一种规定当量比值 X_B 的方法,还可以定义另外一种概念的评价准则,即广义㶲效率。

(2) 经济性能评价指标

能量转换和利用的问题并不是单纯的热力学问题,还受制于经济性能等众多因素。热力性能的提升总是以材料、研制等方面费用的增加为代价的,因而在评价热力系统性能时,还应考虑相关的经济因素,可采用单位功率投资和能源供应成本进行评价。

系统单位功率投资 I_C 是系统总投资 C_I 和能源供应站容量的比值,可按下式计算:

$$I_C = \frac{C_I}{P_W + Q_H + Q_C} \qquad (7-20)$$

式中,C_I 为系统总投资或设备投资费,元或美元;P_W、Q_H、Q_C 分别为发电机组、供热机组和制冷机组的装机容量,kW。

能源供应成本 COE 可按下式计算:

$$COE = \frac{\beta C_I + C_m + C_f}{H_W P_W + H_H Q_H + H_C Q_C} \qquad (7-21)$$

式中,C_I 为设备投资费,元或美元;C_m 为系统年运行维修费,元或美元;C_f 为系统年输入能源消耗费,元或美元;β 为年投资费用率;H_W、H_H、H_C 分别为发电机组、供热机组和制冷机组的年运行小时数。

(3) 环境性能评价指标

地热能作为一种可再生能源,其综合梯级利用系统的环境性能评价指标通常是通过与传统燃煤系统对比减少的各种污染物的排放量来体现的。近年来,特别是在"双碳"目标的大背景下,二氧化碳的排放量成为环境性能评价的重要指标。

$$G_{CO_2} = (H_W P_W + H_H Q_H / COP_H + H_C Q_C / COP_C - P_{cons}) k / 1\,000 \qquad (7-22)$$

式中,G_{CO_2} 为二氧化碳的年减排量,t/a;COP_H、COP_C 分别为电压缩式热泵机组和电压缩式制冷机的性能系数;k 为全国单位发电量二氧化碳排放量,$t/(MW \cdot h)$;P_{cons} 为系统本身的年耗电量,$kW \cdot h/a$。

2. 多目标评价

一般而言,事物会呈现不同的属性,将它们加以互相比较,在判断其优劣时,常先从多个不同的指标加以评定,然后进行综合评价。图 7-38 给出供能系统不同层次的常见评价指标。地热综合梯级利用系统同样会表现出多个不同的属性,总结相关多属性综合评价的研究,发现供能系统一般包含能效属性、经济属性、环境属性、社会属性等。那么,如何对供能系统进行综合评价是目前很多学者关注的一个焦点。

所谓综合评价,首先针对所要研究的问题建立一个评价指标体系,然后用特定的方法和模型对反映该现象不同属性(性能)的评价指标进行综合分析,最后从整体上对问题做出定量评价,从而揭示不同问题的本质及其综合性能的优劣。其实,综合评价是利用数理统计法等数学方法对一个复杂系统的多个不同侧面的指标信息进行加工和提炼,以求得其优劣等级的一种评价方式。自 20 世纪 80 年代以来,综合评价的理论研究与实践有了很大发展,相应地出现了层次分析法、相对差距和法、主成分分析法、TOPSIS 法、RSR 值综合评价法、全概率评分法、人工神经网络法、简易公式评分法、蒙特卡罗模拟综合评价法、模糊综合评判法、灰色关联分析法、因子分析法、综合指数法、功效函数法和密切值法等综合评价方法,使之成为一种交叉性强、边缘性强的科学技术。

综合评价涉及的因素有很多,并且这些因素对所要评价的目标的影响强度往往是不同的。综合评价中权衡指标重要性程度的数值被称为指标的权重(或权数),因此综合评价需要根据评价的目的和各目的的内在含义对各目标值赋予相应的、合理的权重。在综合评价时,若各指标的赋权不合理,则再好的评价方法也丧失其意义,并且直接导致待评价对象的优劣顺序不合理改变,因而权重合理且准确的赋值会直接影响评价结果的可靠性。实际上,特别是对于实际工程而言,经济性能一般较为重要,它是工程项目是否可行的一个很重要的评价指标,是投资者对该项目的经济效益进行评估的一个重要参考;而随着能源危机和环境问题的日益突出,政府的管控力度和企业的减排意识也日益增强,环境性能评价指标越来越重要,其中减排量已经成为项目所在地政府必须考虑的一个重要指标;当然系统的热力学性能是评价系统能效的最基本指标,是能量转化系统"先进性"的一个重要评价。

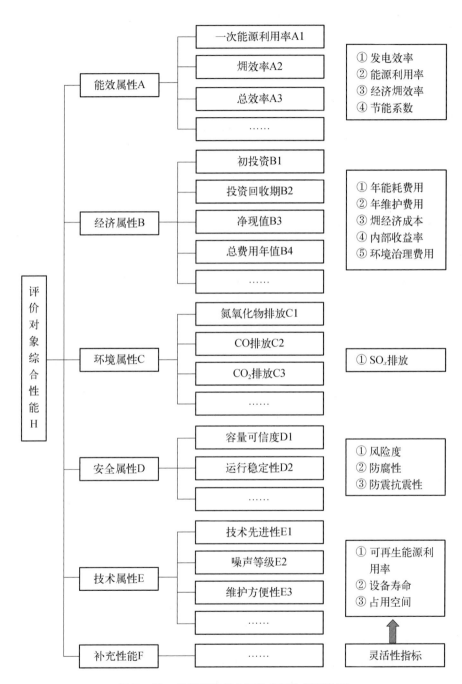

图 7－38　供能系统综合评价多层次指标体系

那么,如何确定各个不同属性评价指标对整体综合性能的重要程度(权重系数)?这是一个对系统综合评价尤为关键的因素。在运筹学中,很多学者已经提出不同的方法来确定评价指标的权重系数,如专家咨询权数法、信息权数法、因子分析权数法、独立性权数法、层次分析法、主成分分析法、优序图法、熵权法、标准离差法、CRITIC法、非模糊数判断矩阵法等。

7.3.3　地热综合梯级利用模式

1. 模式一:面向发电的地热梯级利用模式

地热发电是将地热资源转换为电能的利用方式。从热力学原理来看,地热资源的温度越高,发电效率就越高,经济性能就越好。若将具有不同工作温度区间的热机循环按照"温度对口、梯级利用"原则联合起来互为补充,则可以大大提高地热发电的整体效率。闪蒸-双工质地热发电循环是按照梯级利用的原则将闪蒸发电系统和双工质循环结合起来的,可达到地热发电效率得以提升的目的,如图7-39所示。

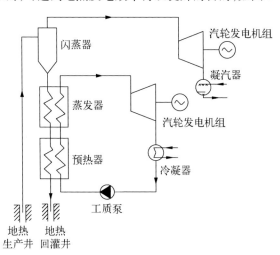

图7-39　闪蒸-双工质循环联合发电热力系统示意图

2. 模式二:面向供热的地热综合梯级利用模式

该梯级利用模式以地热供暖为主,适用于冬季需要长期供暖的地区。传统的实现方式是换热器+压缩式热泵,如图7-40所示。

这个系统中地热能被分为三个梯次进行利用:

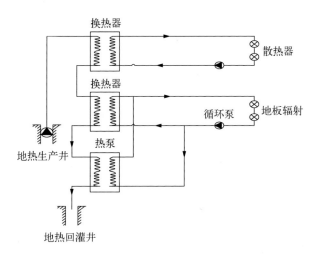

图 7‑40　换热器+压缩式热泵的地热梯级供暖系统示意图

① 第一梯次　开采出来的地热水经过换热器,提取热能供散热器采暖。

② 第二梯次　经过一级管网采暖后的地热水再次进行换热,提取能量供地板辐射采暖。

③ 第三梯次　经过二级管网采暖后的地热水作为热源,通过热泵机组提取能量后返回一级或二级管网中。

另外一种梯级利用模式是换热器+吸收式热泵,如图 7‑41 所示。这种方式适用较高的地热水温度(≥70℃),其特点在于利用地热能的高温段驱动吸收式热泵,无压缩机功耗,具有良好的节能效果。

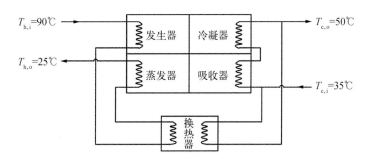

图 7‑41　换热器+吸收式热泵的地热梯级供暖系统示意图

这个系统中地热能被分为三个梯次进行利用:

① 第一梯次　开采出来的地热水经过发生器驱动吸收式热泵,从吸收器和冷凝

器中提取能量为建筑供暖。

② 第二梯次　经过发生器后的地热水进入换热器,提取能量为建筑供暖。

③ 第三梯次　从换热器中出来的地热水将热量传递给蒸发器中的工质后回灌到地下,至此完成一个循环过程。

3. 模式三:热电联供的地热综合梯级利用模式

通过发电和供热相结合,可以形成以热电联供为主的地热综合梯级利用模式,主要包括地热发电、地热供暖和温泉理疗等。这个系统中地热能被分为三个梯次进行利用:

① 第一梯次　地热水从开采井中被抽出,进入地热电站,为用户提供电力。

② 第二梯次　经过发电后的地热水用于给住宅和办公楼供暖。

③ 第三梯次　经过供暖后的地热水用于洗浴、理疗梯级利用后回灌。

4. 模式四:冷热电联供的地热综合梯级利用模式

该梯级利用模式以地热发电和地热制冷为主,适用于夏季需要制冷空调的地区,主要包括地热发电、地热制冷、地热干燥、地热养殖和温泉理疗等,如图 7-42 所示。

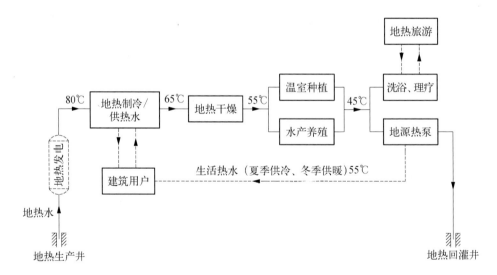

图 7-42　冷热电联供的地热综合梯级利用模式

① 第一级地热资源用于发电(90℃以上→80℃):大于 90℃的地热水用于驱动地热发电机组,向电网提供电力。

② 第二级地热资源用于制冷空调(80℃→65℃):80℃的地热水用于驱动溴化锂吸收式制冷机,夏季为建筑供冷。

③ 第三级地热资源用于农副产品干燥（65℃→55℃）：地热制冷后 65℃ 的地热水用于加热空气来干燥农副产品。

④ 第四级地热资源用于温室种植和水产养殖（55℃→45℃）：地热干燥后 55℃ 的地热水供旅游区或用户种植和养殖。

⑤ 第五级地热资源一方面用于洗浴和理疗，发展旅游业，另一方面通过热泵技术提升温度（45℃→55℃），为用户提供生活热水。

通过上述多级梯级利用，可实现地热资源综合利用率最大化。

7.3.4　地热综合梯级利用案例

广东丰顺地热试验电站位于广东省梅州市丰顺县境内，经发电后的地热水温度仍然高达 72℃，流量达到 200 m³/h，直接排放会造成大量的能源浪费。2014 年，为充分利用广东丰顺地热试验电站发电后 70~80℃ 的地热资源，中国科学院广州能源研究所结合当地温泉旅游产业，建立了国内首套高效的地热资源综合梯级利用集成系统。该系统以"地热发电—地热制冷—地热干燥—地热洗浴—地热热泵"五级梯级利用为核心，其工艺流程图和现场图分别如图 7-43 和图 7-44 所示。第一级地热资

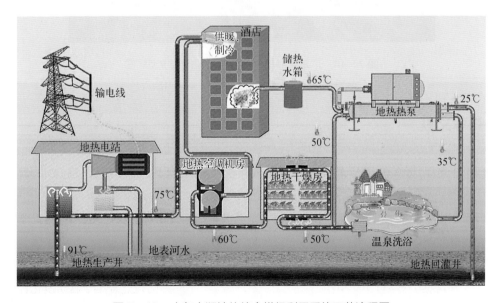

图 7-43　广东丰顺地热综合梯级利用系统工艺流程图

源(约91℃)用来发电,发出的电直接并网;第二级地热资源(70~75℃)用来驱动溴化锂吸收式制冷机为建筑提供夏季空调冷水,冬季时地热水则直接用于供暖;第三级地热资源(60~65℃)用来提供居民住宅生活热水或干燥农副产品;第四级地热资源(45~50℃)用来提供温泉度假村洗浴和疗养、渔业养殖、花卉温室种植用水;第五级地热资源(30~35℃)利用高温热泵技术提升温度后返回到第二级、第三级。通过上述五级梯级利用,实现了地热资源综合利用率由原来的25%提升到80%,整个系统可以节约约3 004 t/a 标准煤,减排约8 110 t/a 二氧化碳。

图7-44　广东丰顺地热综合梯级利用系统现场图

参考文献

[1] 卜宪标,马伟斌,黄远峰.应用废弃油气井获得地热能[J].热能动力工程,2011,26(5):621-625.

[2] 卜宪标,冉运敏,王令宝,等.单井地热供暖关键因素分析[J].浙江大学学报(工学版),2019,53(5):957-964.

[3] 曾和义,刁乃仁,方肇洪.地源热泵竖直埋管的有限长线热源模型[J].热能动力工程,2003,18(2):166-170.

[4] 陈继良,蒋方明,罗良.增强型地热系统地下渗流场的模拟分析[J].计算物理,

2013,30(6)：871‒878.

[5] 陈继良,罗良,蒋方明.热储周围岩石热补偿对增强型地热系统采热过程的影响[J].计算物理,2013,30(6)：862‒870.

[6] 陈卫东,张国侠,刘嫄春.EPS 新型节能墙体外保温材料[J].新型建筑材料,2007,34(6)：41‒43.

[7] 刁乃仁.地热换热器的传热问题研究及其工程应用[D].北京：清华大学,2005.

[8] 董秋生,黄贤龙,郎振海,等.废弃油井改造为地热井技术分析[J].探矿工程(岩土钻掘工程),2016,43(6)：18‒21.

[9] 郭开华.吸收压缩式热泵——一种高效节能技术[J].制冷,1990(4)：52‒58.

[10] 郭开华,舒碧芬.吸收压缩复合式热泵及制冷技术[J].制冷,1994(3)：22‒28.

[11] Rubio-Maya C, Ambríz Díaz V M, Pastor Martínez E, et al. Cascade utilization of low and medium enthalpy geothermal resources — A review[J]. Renewable and Sustainable Energy Reviews, 2015, 52：689‒716.

[12] 金红光,林汝谋.能的综合梯级利用与燃气轮机总能系统[M].北京：科学出版社,2008.

[13] 周少祥,胡三高,程金明.能源利用的环境影响评价指标的统一化研究[J].工程热物理学报,2006,27(1)：5‒8.

[14] 谢诺琳,孙志高.冷热电联产系统性能评价指标研究[J].建筑热能通风空调,2008,27(4)：81‒83.

[15] 凌莉,钟英杰,王巍巍,等.冷热电联产系统评价指标体系的研究[J].轻工机械,2012,30(1)：103‒107.

索　引